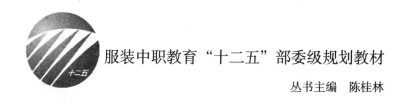

服装中职教育"十二五"部委级规划教材

丛书主编 陈桂林

U0271471

服装缝制工艺

主 编 胡茗

副主编 易记平 刘红彦

中国纺织出版社

内 容 提 要

本教材系统介绍了服装工艺的基础知识、基础缝制工艺、服装部件制作、下装制作工艺、上装制作工艺等内容，并详细讲解了服装工艺设计原理及技术应用，图文并茂，实用性强。

每章最后都有小结、学习重点和思考题，帮助对本章内容的理解和深入掌握。本教材附带一张制作工艺光盘，对于难点重点制作环节给予具体的示范，方便学习。

本书可作为中职院校服装专业教材，也可供服装设计制作人员阅读参考。

图书在版编目(CIP)数据

服装缝制工艺 / 胡茗主编 . —北京：中国纺织出版社，2015.3

服装中职教育"十二五"部委级规划教材

ISBN 978-7-5180-1246-6

Ⅰ.①服⋯　Ⅱ.①胡⋯　Ⅲ.①服装缝制—中等专业学校—教材　Ⅳ.① TS941.63

中国版本图书馆 CIP 数据核字（2014）第 276309 号

策划编辑：华长印　责任编辑：杨　勇　责任校对：楼旭红
责任设计：何　建　责任印制：储志伟

中国纺织出版社出版发行
地址：北京市朝阳区百子湾东里A407号楼　邮政编码：100124
销售电话：010—67004422　传真：010—87155801
http://www.c-textilep.com
E-mail:faxing @c-textilep.com
中国纺织出版社天猫旗舰店
官方微博http://weibo.com/2119887771
三河市宏盛印务有限公司印刷　各地新华书店经销
2015年3月第1版第1次印刷
开本：787×1092　1/16　印张：10
字数：164千字　定价：36.00元（附赠教学光盘）

服装中职教育"十二五"部委级规划教材

一、主审专家（排名不分先后）

清华大学美术学院　肖文陵教授

东华大学服装与艺术设计学院　李俊教授

武汉纺织大学服装学院　熊兆飞教授

湖南师范大学工程与设计学院　欧阳心力教授

广西科技职业学院　陈桂林教授

吉林工程技术师范学院服装工程学院　韩静教授

中国十佳服装设计师、中国服装设计师协会副主席　刘洋先生

二、编写委员会

主　　任： 陈桂林

副主任： 冀艳波　张龙琳

委　　员：（按姓氏拼音字母顺序排列）

暴　巍　陈凌云　胡　茗　胡晓东　黄珍珍　吕　钊

李兵兵　雷中民　毛艺坛　梅小琛　屈一斌　任丽红

孙鑫磊　王威仪　王　宏　肖　红　余　朋　易记平

张　耘　张艳华　张春娥　张　雷　张　琼　周桂芹

出版者的话

《国家中长期教育改革和发展规划纲要》（简称《纲要》）中提出"要大力发展职业教育"。职业教育要"把提高质量作为重点。以服务为宗旨，以就业为导向，推进教育教学改革。实行工学结合、校企合作、顶岗实习的人才培养模式"。为全面贯彻落实《纲要》，中国纺织服装教育学会协同中国纺织出版社，认真组织制订"十二五"部委级教材规划，组织专家对各院校上报的"十二五"规划教材选题进行认真评选，力求使教材出版与教学改革和课程建设发展相适应，并对项目式教学模式的配套教材进行了探索，充分体现职业技能培养的特点。在教材的编写上重视实践和实训环节内容，使教材内容具有以下三个特点：

（1）围绕一个核心——育人目标。根据教育规律和课程设置特点，从培养学生学习兴趣和提高职业技能入手，教材内容围绕生产实际和教学需要展开，形式上力求突出重点，强调实践。附有课程设置指导，并于章首介绍本章知识点、重点、难点及专业技能，章后附形式多样的思考题等，提高教材的可读性，增加学生学习兴趣和自学能力。

（2）突出一个环节——实践环节。教材出版突出中职教育和应用性学科的特点，注重理论与生产实践的结合，有针对性地设置教材内容，增加实践、实验内容，并通过多媒体等形式，直观反映生产实践的最新成果。

（3）实现一个立体——开发立体化教材体系。充分利用现代教育技术手段，构建数字教育资源平台，部分教材开发了教学课件、音像制品、素材库、试题库等多种立体化的配套教材，以直观的形式和丰富的表达充分展现教学内容。

教材出版是教育发展中的重要组成部分，为出版高质量的教材，出版社严格甄选作者，组织专家评审，并对出版全过程进行跟踪，及时了解教材编写进度、编写质量，力求做到作者权威、编辑专业、审读严格、精品出版。我们愿与院校一起，共同探讨、完善教材出版，不断推出精品教材，以适应我国职业教育的发展要求。

中国纺织出版社

教材出版中心

序

为深入贯彻《国务院关于加大发展职业教育的决定》和《国家中长期教育改革和发展规划纲要（2010—2020年）》，落实教育部《关于进一步深化中等职业教育教学改革的若干意见》、《中等职业教育改革创新行动计划（2010—2012年）》等文件精神，推动中等职业学校服装专业教材建设，在中国纺织服装教育学会的大力支持下，中国纺织出版社联袂北京轻纺联盟教育科技中心共同组织全国知名服装院校教师、企业知名技术专家、国家职业鉴定考评员等联合组织编写服装中职教育"十二五"部委级规划教材。

一、本套教材的开发背景

从2006年《国务院关于大力发展职业教育的决定》将"工学结合"作为职业教育人才培养模式改革的重要切入点，到2010年《国家中长期教育改革和发展规划纲要 2010—2020年 》把实行"工学结合、校企合作、顶岗实习"的培养模式部署为提高职业教育质量的重点，经过四年的职业教育改革与实践，各地职业学校对职业教育人才培养模式中的宏观和中观层面的要求基本达成共识，办学理念得到了广泛认可。当前职业教育教学改革应着力于微观层面的改革，以课程改革为核心，实现实习实训、师资队伍、教学模式的改革，探索工学结合的职业教育特色，培养高素质技能型人才。

同时，由于中国服装产业经历了三十多年的飞速发展，产业结构、经营模式、管理方式、技术工艺等方面都产生了巨大的变革，所以传统的服装教材已经无法满足现代服装教育的需求，服装中职教育迫切需要一套适合自身模式的教材。

二、当前服装中职教材存在的问题

1. 服装专业现用教材多数内容比较陈旧，缺乏知识的更新。甚至部分教材还是20世纪70～80年代出版的。服装产业属于时尚产业，每年都有不同的流行趋势。再加上近几年服装产业飞速地发展，设备技术不断地更新，一成不变的专业教材，已经不能满足现行教学的需要。

2. 教材理论偏多，指导学生进行生产操作的内容太少，实训实验课与实际生产脱节，导致整体实用性不强，使学生产生"学了也白学"的想法。

3. 专业课之间内容脱节现象严重，缺乏实用性及可操作性。服装设计、服装制板、服装工艺教材之间的知识点没有得到紧密的关联，款式设计与板型工艺之间没有充分地结合和对应，并且款式陈旧，跟不上时尚的步伐，所以学生对制图和工艺知识缺乏足够的认识及了解，设计的款式只能单纯停留在设计稿上。

三、本套教材特点

1. 体现了新的课程理念。

本书以"工作过程"为导向，以职业行动领域为依据确定专业技能定位，并通过以实际案例操作为主要特征的学习情境使其具体化。"行动领域→学习领域→学习情境"构成了该书的内容体系。

2. 坚持了"工学结合"的教学原则。

本套教材以与企业接轨为突破口，以专业知识为核心内容，争取在避免知识点重复的基础上做到精练实用。同时理论联系实际、深入浅出，并以大量的实例进行解析。力求取之于工，用之于学。

3. 教材内容简明实用。

全套教材大胆精简理论推导，果断摒弃过时、陈旧的内容，及时反映新知识、新技术、新工艺和新方法。教材内容安排均以能够与职业岗位能力培养结合为前提。力求通过全套教材的编写，努力为中职教育教学改革服务，为培养社会急需的优秀初级技术型应用人才服务。同时考虑到减轻学生学习负担，除个别教材外，多数教材都控制在20万字左右，内容精练、实用。

本套教材的编写队伍主要以服装院校长期从事一线教学且具有高级讲师职称的老师为主，并根据专业特点，吸收了一些双师型教师、知名企业技术专家、国家职业鉴定考评员来共同参加编写，以保证教材的实用性和针对性。

希望本套服装中职教材的出版，能为更好地深化服装院校教育教学改革提供帮助和参考。对于推动服装教育紧跟产业发展步伐和企业用人需求，创新人才培养模式，提高人才培养质量也具有积极的意义。

国家职业分类大典修订专家委员会纺织服装专家

广西科技职业学院副院长

北京轻纺联盟教育科技中心主任

2013年6月

前　言

　　本教材系统地介绍了服装缝制工艺的基础知识、工艺设计原理及技术。全书共分五章：第一章阐述服装工艺的基础知识，包括常用术语、制作工具、缝纫设备及用料计算等；第二章介绍缝制基础工艺；第三章为服装部件制作，较全面地介绍了服装各部件制作工艺与技巧；第四章为下装缝制工艺；最后一章介绍了上装缝制工艺。

　　编者力求抓住重点，重视基础理论，强调举一反三，便于自学。结合中职学生的特点，深入浅出，在文字讲述的同时，配以大量插图，生动形象，浅显易懂，便于学生学习掌握。为了突出重点和加深理解，每章的开头有本章重点难点提示，章后有思考题。

　　本教材可作为服装中职院校专业教学参考书，也可供广大业余服装爱好者学习阅读。本书由胡茗主编；其中，第一章第一节文字由张欣刚编写；第四章第一节及第三节由张睿编写；第四章第二节及第四节、第五章的第二节及第三节由易记平编写；其他章节均由胡茗编写，该部分的图均由刘红彦、何楠绘制。在本书编写过程中得到众多同仁大力帮助，在此向所有为本书编写提供帮助和支持的同仁们表示感谢。

　　鉴于服装工艺的不断改进发展，本书编写难免有不足之处，敬请专家、同仁们批评指正。

编者

2014.6

教学内容及课时安排

章/课时	课程性质	节	课程内容
第一章 （4课时）	基础知识篇		• 绪　论
第二章 （28课时）	基础工艺篇		• 缝制基础工艺
		一	熨烫工艺
		二	手缝工艺
		三	机缝工艺
第三章 （56课时）	部件制作篇		• 服装部件制作工艺
		一	口袋的制作
		二	领子的制作
		三	袖子的制作
		四	门襟及开衩的制作
第四章 （72课时）	实操篇		• 下装缝制工艺
		一	女西装裙缝制工艺
		二	低腰波浪裙缝制工艺
		三	女式牛仔裤缝制工艺
		四	男西裤缝制工艺
第五章 （144课时）	实操篇		• 上装缝制工艺
		一	女衬衫缝制工艺
		二	男衬衫缝制工艺
		三	男夹克缝制工艺
		四	女西服缝制工艺
		五	连衣裙缝制工艺

注　各院校可根据自身的教学特色和教学计划对课程时数进行调整。

实操篇

基础知识篇

第一章
绪　论

课题名称：绪论

课题内容：服装缝制基础知识

课题时间：4课时

训练目的：使学生掌握常用专业术语及基础缝制知识。

教学方式：理论讲授。

教学要求：要求学生牢记常用专业术语、常用面辅料计算。

作业布置：课后思考题。

漂亮的服装一直都是人们喜欢的，漂亮服装的含义不仅是指所穿服装的款式和面料，还有精致的做工。做工好坏依赖于它的工艺设计是否合理，这就要求服装设计者在具有相关设计知识的同时，还要掌握服装制作工艺的系统知识及基础技能。

一、服装制作常用专业术语

服装制作中的专业术语是在长期的生产实践中逐步形成的，由于地区的不同所使用的服装名词术语也不相同，给服装生产技术的推广和交流带来不便。为了促进服装生产技术的发展，中华人民共和国国家质量监督检验检疫总局、中国国家标准化管理委员会于2008年发布了《服装术语》，即GB/T 15557—2008国家标准。

1. 上装衣片部位专业术语（图1-1～图1-3）

（1）门襟止口线：门襟外口轮廓线。

（2）领窝线：领口的轮廓线。

（3）肩斜线：肩的坡度线。

（4）袖窿弧线：袖窿的轮廓线。

（5）侧缝线：前后衣片缝合线。

（6）底边线：底边轮廓线。

（7）止口圆角线：止口与底边结合处呈圆角的轮廓线。

（8）驳头止口弧线：驳头止口轮廓线。

（9）驳折线：驳头翻折的位置线。

（10）领嘴线：领嘴大小的尺寸线。

（11）扣眼位：扣与眼的位置。

（12）前胸省线：胸省道的位置线。

（13）胁省线：衣服两侧腋下处的省道。

（14）大袋：腰节以下的开袋。

（15）手巾袋：胸部的开袋。

（16）袖口线：袖子下口边沿部位的直线。

（17）前袖缝：前袖缝轮廓线。

（18）前偏袖线：袖围与偏袖连接的线。

（19）袖山弧线：袖山头轮廓线。

（20）后袖缝线：后袖缝轮廓线。

（21）袖衩线：袖开衩轮廓线。

（22）小袖内撇线：小袖片向内撇的线。

（23）小袖窿弧线：小袖深轮廓线。

（24）小袖前袖缝线：小袖前袖缝轮廓线。

（25）后偏袖线：后偏袖轮廓线。

（26）小袖后袖缝线：小袖后袖缝轮廓线。

（27）后袖缝线：后偏袖缝轮廓线。

（28）领后中线：领宽后中心拼缝线。

（29）后翻领线：后翻领轮廓线。

（30）领脚线：领脚轮廓线。

（31）前领宽线：翻领前宽斜线。

（32）领串口斜线：驳头与领面相吻合的斜线。

（33）领脚折转线：领外翻的连折线。

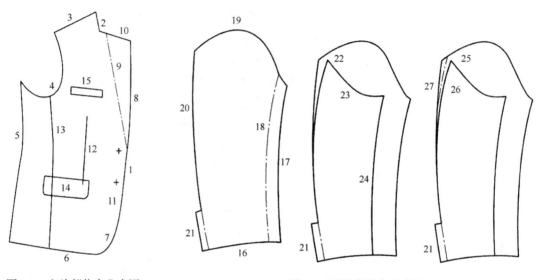

图1-1　衣片部位专业术语　　　　　　　　　图1-2　袖片部位专业术语

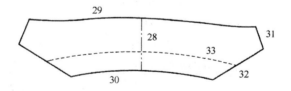

图1-3　领片部位专业术语

2. 裤片部位专业术语（图1-4）

（1）直袋位：直袋的位置和大小。

（2）侧缝线：裤片两侧的轮廓线。

（3）前裆弧线：前裆轮廓线。

（4）下裆线：裤片内侧的轮廓线。

（5）裥位线：裤腰处打裥的位置线。

（6）后腰缝线：裤后片腰缝的轮廓线。

（7）后烫迹线：与裤子基本线垂直，是后裤片的中心线。

（8）后裆弧线：后裆缝轮廓线。

（9）后袋线：后袋位置线。

（10）后省位：省道的位置。

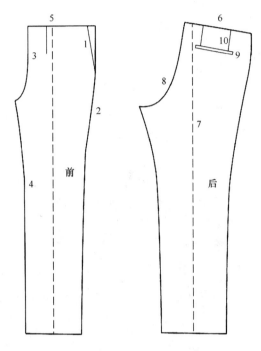

图1-4　裤片部位专业术语

3. 工艺操作术语

（1）止口：门襟的外边沿，如门襟与挂面的连接线。

（2）挂面：门襟背面的一层，比搭门宽的贴边。

（3）搭门：门襟、里襟叠在一起，为了锁纽眼和钉纽扣所预留的部位。

（4）门襟、里襟：衣片锁纽眼处为门襟，钉纽扣处为里襟。

（5）眼档：纽眼位。

（6）驳头：门里襟上部翻折部位。

（7）褶裥、省：根据体型需要做出的折叠部位，不用缝合的称褶裥，折叠并缝合的称省。

（8）钻眼：用电钻在裁片上作出缝制标记，起到上下左右一致的作用。

（9）刀眼：为便于缝合衣领和袖子等，在裁片上剪出的小缺口，作对位记号用。

（10）对档：缝制时，两片裁片对准应对的部位标记。

（11）圆顺：弧线不能有折角。

（12）层势：又称吃势，指两片裁片，一片较另一片稍长，而在缝制中将稍长的一片在一定部位层进在稍短的一片中，使两片裁片经层进缝合后，不仅长短一致，而且有一定的丰满圆顺感。

（13）撇势：衣片的门襟部位与其基本线撇进的距离。

（14）翘势：向上偏高画出的直线或弧线。

（15）困势：裤后片与前片的倾斜程度。

（16）窝势：缝制双层以上衣片时所采用的一种工艺，就是外层均匀地比里层更长、更宽，以使两层衣料相贴成自然卷曲状态。

（17）坐势：把多余部分坐进折平。

（18）凹势：衣片袖窿、裤片前后裆弧线、领口等部位的凹进程度。

（19）回口：衣片的横料和斜料容易被拉松的现象。

（20）缝合、缉线：将两层以上衣片缝合到一起，一般缝合多指暗线，而缉线多指明线。

（21）缝型：对缝头的处理形式，缝份分开的叫劈缝；缝份倒向一侧的叫倒缝；缝份是包裹的叫包缝。

（22）缝始点：缝合时的起点。除西服等省缝缉线的缝始点不许打回针外，其余都打回针。

（23）缝止点：缝合时的终点。除省尖部位缝止点不打回针外，其余部位都打回针。

（24）剪牙口：在制作挖袋等处时，需要开剪，所开的剪切口称牙口。操作过程叫剪牙口。

（25）推门：平面的前衣片，经收省后变成立体形状，还须采用熨烫工艺，使衣片更加符合人的体型的过程。

（26）归拢：是将长度缩短，一般容易松宽的部位采用归烫。如前后袖窿边缘，因胸背部位推胖后，袖窿产生回势，就必须归烫。另外，为了防止以后操作时产生还口，也可预先采取归缩一点的方法，这种方法称归拢。

（27）回势：拔开部位的周围外缘处出现的荷叶边形状。

（28）吃势：将某部位收缩一定尺寸。

（29）胖势：整烫时凸出的部位。

（30）吸腰：衣服的腰部吸进，使之符合人体曲线，美观合体。

（31）烫散：向周围推开烫平。

（32）烫煞：熨烫时把面料折缝定型。

（33）平敷：牵带贴上不能有紧有松。

（34）余势：为预防缩水，做缝放的余量。

4. 成品缺陷术语

（1）眼皮：指缺嘴串口处不平服。

（2）起壳：衬头紧，面子松，里外不相容。

（3）搅盖：门里襟相叠过头。

（4）豁开：门里襟相叠门下口呈八字形。

（5）荡领：领子离脖子不服帖，是由于后领圈宽，后背短，领型不当所造成。

（6）外露：如领脚外露、里子长出外衣等。

（7）脱空：里外两层不紧贴。

（8）极光：熨烫时下面垫布太硬或不用湿布盖烫而产生的亮光。

（9）水花：熨烫碰上水点，湿盖布未烫均匀而产生水渍。

（10）链形：也叫裂形，在同一缝纫部位进行两次缝纫，由于没注意缝纫机下层送得快、上层走得慢的特性，结果两道缝发生错位，形成斜的链形。

（11）吐止口：又称止口外吐，止口处挂面不应外露却露出来的现象。

（12）起吊：一般指面和里不相符，里子偏短，而造成不平服的现象。

（13）豁脚：指缝制裤子时出现的一种弊病。裤子摆平后，左右裤片的侧缝和左右的下裆缝不齐，前后挺缝线不准，偏前或偏后。

（14）沉落：肩缝斜势不足，引起前后袖窿下沉。

（15）还口：指原材料丝缕被拉歪斜，如领圈拉还或袖窿还口等。

二、服装制作工具及使用方法

在服装的制作过程中常用的缝纫、熨烫工具有：

（1）工作台：服装裁剪、缝制必用的台案。一般长度为100～150cm，宽度为80～90cm，高度可根据身高而定。

（2）划粉：在衣片上作标记用的粉片，有多种颜色，一般选用与面料相同或相近的颜色，以免在服装表面留下明显的痕迹。

（3）手针：手缝用针。根据粗细不同分为1～12号，号码越小，针杆越粗。一般常用的是6～7号针，也可根据面料厚薄选择，面料薄质地密的宜用细针，面料厚质地松的用粗针。

（4）机针：机缝用针，根据缝纫机的种类不同分为家用缝纫机针、工业缝纫机针、专用缝纫机针等。机针的规格有7～12号，号码越大，针杆越粗，所形成的针孔也越大。因此，要根据面料厚薄选择相应的针号。一般常用的为9、11、14号机针。

（5）大头针：通常用于立体裁剪或试衣补正，有时在缝合较长的衣缝时也用大头针作分段固定。

（6）棉线：打线丁或临时固定用的线。

（7）缝纫线：缝纫机用线，应选择与面料相同或相近色的线。

（8）顶针：金属制成的手工缝纫专用工具，套在右手中指第一二关节之间。

（9）锥子：在拉出领角、衣角或拆掉缝合线时使用。

（10）镊子：在拔除线钉或车缝过程中调整上下层面料间的吃势时使用。

（11）小剪刀：缝纫过程中剪线用的工具。

（12）裁剪用剪刀：裁剪衣料用的剪刀，其长度一般选择24～28cm为宜。

（13）缝纫机：分家用缝纫机、工业缝纫机和专业缝纫机三种。

（14）电熨斗：有普通电熨斗和蒸汽电熨斗两种，用于缝制过程中的分缝、归拔或成品整烫。

（15）喷水壶：在归拔、整烫时喷水用。

（16）烫垫：用比较厚而密且具有一定耐热性的布料制成，中间填充木粉，形状适用于胸部、肩部、臀部形态的专用工具。

（17）烫布：为了避免毛织物、化纤织物在熨烫过程中出现极光，在衣片上垫一层烫布，一般为纯棉布料。

（18）烫凳：熨烫服装的工具，一般高度为25～30cm，长度为40～50cm，宽度为12～15cm。

表1-1是测量、制图、裁剪、熨烫、手缝、机缝工具，详细清晰地介绍了各种工具的分类。

表1-1 服装制作工具

测量、制图	尺子	金属尺、竹尺、角尺、L尺、方眼尺、推板尺、曲线板、H弯尺、量角器、软尺、弯尺、自由弯尺、自由缩尺、1/4或1/5缩尺
	纸	作图纸、作图笔记用纸、拷贝纸
	其他	圆规、铅笔、橡皮、图钉、文镇
剪裁	剪裁	剪裁台、小剪子、剪纸剪刀、裁剪剪刀、花剪
缝制、整烫	标记工具	刮刀、划粉、笔式划粉、复写纸、打口钳、削划粉器、滚轮
	手缝工具	顶针、锥子、镊子、挖孔刀、圆眼挖孔刀
	针	机针、手针、圆头大头针、大头针、针插
	缝纫线	棉线、丝线、合成纤维线、明线用线、包封线、其他线
	手缝线	白棉线、彩色棉线、丝绸缝线、棉绷缝线、打扣线、固缝线、锁扣眼线
	缝纫机	工业用缝纫机、家庭用缝纫机、差动缝纫机、内包缝机、外包缝机、毛皮用缝纫机
	缝纫机配件	拉链压脚、隐形拉链压脚、塑料压脚、针迹尺、锁扣眼器、梭皮、梭心、缝纫机灯
	压烫机	平板式压烫机、辊式压烫机、简易式压烫机
	熨斗	干式熨斗、蒸汽熨斗、干湿兼用熨斗、小熨斗
	熨烫整理台	真空式熨斗台、熨烫垫布、整烫馒头、烫凳、袖馒头、压板、木桥、分缝凳、丝绒烫板、压烫尺
	熨烫用辅助品	盛水碗、水刷、喷雾器、熨烫垫布
	人台	裸体人台、加入松量的人台、女性用人台、男性用人台、儿童用人台、带腿人台
	其他	挂衣架、裙长测定器、刷子、标记带、重锤、搅拌器、穿松紧带器、拆线器、磁铁、垫板、手缝用蜡、假缝胶带、服装制作用订书器、镜子

不同面料与手缝用针、机缝用针的匹配见表1-2。

表1-2　缝纫针与面料

布料	线、针、针距	机缝 缝线	机缝 针	机缝 针距（针/3cm）	手缝 缲缝	手缝 锁扣眼线	手缝 绷缝线	针
棉、麻　薄	丝纱　巴里纱　细麻布、上等细布	机用棉线81、100号　涤纶线90号	9号	13～15	机用棉线80号　涤纶线90号	机用棉线50号　涤纶线60号	棉绷缝线	8号　9号
棉、麻　普通	平纹的薄毛织品　条格花布、条格平布　被单料子、宽幅平布	机用棉线60、80号　涤纶线60号	11号	14～16	机用棉线60、80号　涤纶线60号	机用棉线40、50号　涤纶线60号	棉绷缝线　疏缝用白棉线	7号　8号
棉、麻　厚	凸纹布、灯芯绒　粗斜纹绒、劳动布	机用棉线50号　涤纶线60号	11号　14号	14～16	机用棉线40、50号　涤纶线60号	机用棉线20、30号　涤纶线30号	疏缝用白棉线	6号　7号
丝　薄	薄绉纱、乔其纱　丝纱	机用丝线50、100号　涤纶线90号	7号　9号	13～15	机用丝线50、100号　涤纶线90号	机用丝线50号　缲缝线	单绠丝线　棉绷缝线	9号
丝　普通	双绉　缎子、丝织缎纹织物　绉纱、绉纹绸、绉布	机用丝线50、100号　涤纶线90号	7号　9号	14～16	机用丝线50、100号　涤纶线90号	缲缝线	单绠丝线　棉绷缝线	9号
丝　厚	柞蚕丝　杯香双宫绸　锦缎	机用丝线50号	9号　11号	14～16	机用丝线50号　缲缝线	缲缝线　丝制锁扣眼线	单绠丝线　棉绷缝线	8号　9号
毛	法兰绒　巴里纱　薄毛织品	机用丝线50、100号	11号	13～15	机用丝线50号　缲缝线	缲缝线　丝制锁扣眼线	疏缝用白棉线	8号
毛	精纺缩绒毛织物　条子法兰绒　斜向绒布　华达呢	机用丝线50号	11号	14～16	机用丝线50号　缲缝线	丝制锁扣眼线	疏缝用白棉线	7号　8号

续表

布料	机缝			手缝			针
线、针、针距	缝线	针	针距（针/3cm）	缭线缝	锁扣眼线	绷缝线	
毛 苏格兰呢料、粗花呢、长毛呢织品、鱼鳞状织物丝绒、麦尔登呢	机用丝线50号	11号 14号	14～16	机用丝线50号 缭缝线	丝制锁扣眼线	疏缝用白棉线	6号 7号
化纤交织混合织物 仿棉型织物	机用棉线50、60号 涤纶线60、90号	11号	14～16	机用棉线50、60号 涤纶线60、90号 缭缝线	机用棉线50、60号 涤纶线30、60号	疏缝用白棉线 棉绷缝线	7号 8号
仿绸织物	机用丝线50号 涤纶线60、90号	9号	14～16	机用丝线50号 涤纶线60、90号	缭缝线	单捻丝线 棉绷缝线	8号 9号
仿毛型织物	机用丝线50号 涤纶线60、90号	11号	14～16	机用丝线50号 缭缝线	缭缝线 丝制锁扣眼线	疏缝用白棉线	7号 8号
针织衣服 薄←厚 光滑针织物 平针织物	针织用机缝线	7、9号针织专业针	14～16	针织用机缝线	缭缝线	棉绷缝线	8号 9号
安哥拉平针织物	针织用机缝线	11号针织专业针	14～16	针织用机缝线 缭缝线	丝制锁扣眼线	疏缝用白棉线	8号
皮革 天然皮革 人工皮革	机用丝线50号 皮革用捻线40、60号 涤纶线30、60号	14、16号 皮革专用针	11～12	皮革用捻线40、60号 涤纶线30、60号 缭缝线	丝制锁扣眼线 涤纶线30号	固定胶带 皮革用黏合剂 装订器 夹子	皮缝针

三、服装用料计算

服装用料计算可参考表1-3、表1-4。

表1-3　女装用料计算　　　　　　　　　　　　　单位：cm

服装名称	幅宽	胸围	臀围	算料公式
短袖衬衫	90~114	100		衣长×2+12　　衣长+袖长+10
长袖衬衫	90~114	100		（衣长+袖长）×2-7 衣长+袖长+6
西装	144	100		衣长+袖长+8
上衣	144	100		衣长+袖长+7
大下摆连衣裙	144	100		衣长×2-6
西裤	90~144		102	裤长×2+6 裤长+5
筒裙	90~144		100	裙长×3+6（套裁两条）　　裙长+3
短大衣	144	110		衣长+袖长+10
中大衣	144	110		衣长+袖长+12
四片喇叭裙	144		100	裙长×2-18

注　（1）缩水另加；（2）面料均包括缝份与贴边；（3）复杂款式、大格料、倒顺花、倒顺毛、倒顺格等的用料酌情增加。

表1-4　男装用料计算　　　　　　　　　　　　　单位：cm

服装名称	幅宽	胸围	臀围	算料公式
短袖衬衫	90	110		衣长×2+袖长-4
长袖衬衫	90	110		衣长×2+袖长
单排扣西装	144~90	104		衣长+袖长+9　　衣长×3+7
双排扣西装	144	104		衣长+袖长+14
夹克衫	144~90	110		衣长+袖长+18　　衣长×2+袖长+30
西裤	144~90		100	裤长+6 裤长×2+6
短大衣	144	113		衣长+袖长+14
长大衣	144	115		衣长×2-8
双排扣风衣	144~90	120		衣长+袖长×2+30 衣长×3+袖长

注　（1）缩水另加；（2）面料均包括缝份与贴边；（3）复杂款式、大格料、倒顺花、倒顺毛、倒顺格等的用料酌情增加。

本章小结

通过本章的学习，了解服装制作中的专业术语、服装制作所需工具及其使用方法，为后续进一步的深入学习奠定基础。

学习重点

熟悉服装制作所需的工具，熟练掌握常用的结构设计术语、工艺操作术语以及用料计算。

思考题

1. 服装门襟上的专业术语有哪些？表示什么意思？

2. 服装制作需要哪些工具？

3. 胸围尺寸为118cm的男式衬衫制作需要用料多少？

4. 服装制作工艺包括哪些内容？

基础工艺篇

第二章
缝制基础工艺

课题名称：服装缝制基础工艺

课题内容：熨烫工艺

手缝工艺

机缝工艺

课题时间：28课时

训练目的：使学生掌握熨烫、手缝、机缝基础工艺。

教学方式：理论结合示范讲授。

教学要求：要求学生多动手多练习。

作业布置：根据课程进行实操练习。

第一节 熨烫工艺

服装熨烫是指利用织物湿热定型的基本原理，以适当的温度、湿度和压力，改变织物的结构、表面状态等物理性能的造型方法。广义的服装熨烫是指服装进行的所有热处理过程。熨烫工艺是服装加工过程中较为重要的一道工序，服装行业中有"三分缝制、七分熨烫"的传统说法，尽管有些言过其实，但也足见熨烫工艺的重要性。

一、熨烫的作用

1. 预缩去皱

服装面、辅料有不同的缩水率，为掌握其具体的缩水率以便于规格的确定，就有必要在剪裁前对其进行预缩。同时，面、辅料经常出现皱褶，为保证裁片质量，熨烫去皱也是必要的。

2. 工序熨烫

工序熨烫包括粘衬、分缝熨烫、归拔熨烫、部件熨烫等。工序熨烫贯穿在整个工艺的始终，且内容繁多、复杂。通过对每一个部位的熨烫处理，可为服装的整体造型提供质量保证，对服装的质量起到至关重要的作用。

3. 成品熨烫

成品熨烫分手工熨烫与机械熨烫，它是对缝制完成后的服装作最后的定型和保型处理。通过热塑定型，适当改变纺织纤维的伸缩度和织物的经纬密度与方向，修正缝制工艺过程中的个别不合要求的部位，以适应人体体型与活动状况的要求，达到外形合体、美观、穿着舒适之目的。

二、熨烫定型的基本条件

1. 适宜的温度

不同的织物在不同的温度作用下，纤维分子产生运动，织物变得柔软，这时及时地按设计的要求进行热处理使其变形，织物很容易变成新的形态并通过冷却固定下来。

2. 适当的湿度

一定的湿度能使织物纤维润湿、膨胀伸展。当水分子进入纤维内部而改变纤维分子间的结合状态时，织物的可塑性能增加，这时加上适宜的温度，织物就会更容易定型。

3. 一定的压力

纺织面、辅料一般说来都有一个比较明显的屈服应力点，这种应力点根据材料的质地、厚薄及后整理等因素不同而不一样，熨烫时当外界压力超过应力点的反弹力时，就能使织物变化定型。

4. 合理的时间

现代纺织面料品种繁多，面料性能千差万别，其导热性能更是各不相同。即使是同一种织物，其上、下两层的受热也会产生一定的时间差，加上织物在熨烫时的湿度，所以必须将织物附加的水分完全烫干才能保证较好的定型效果，因而合理的熨烫时间是保证熨烫定型的一个关键因素(学生在湿度、熨烫时间的处理方面最容易产生偏差)。

5. 合适的冷却方法

熨烫是手段，定型是目的，而定型是在熨烫加热过程后通过合适的冷却方法得以实现的。熨烫后的冷却方式一般分为自然冷却、抽湿冷却和冷压冷却。采用哪种冷却方法，一方面要根据服装面、辅料的性能确定，另一方面也要根据设备条件。目前一般采用的冷却方法是自然冷却和抽湿冷却。

三、熨烫的分类

从工艺制作角度可分为部件熨烫（亦称为小烫）、变形熨烫（亦称推、归、拔烫）、成品熨烫。

1. 部件熨烫

部位熨烫包括衣片缝合后的烫开分缝，服装边缘的扣缝、衣领、袖克夫、口袋等翻向正面后的定位、定型、里外匀势等。

2. 变形熨烫

变形熨烫是一项技术性很强的熨烫工艺，常用于单件套定制服装的加工。使衣片的经纬丝缕变形且伸长称为拔；使衣片的经纬丝缕变形且归拢称为归。变形熨烫使面料拉宽或皱缩，常用于裤子的前后片、中山装、西装、毛呢大衣的前后片、袖片、领片等相关位置，通过这种工艺处理，使裁片的轮廓线达到符合人体体型、款式立体造型要求的目的。

3. 成品熨烫

成品熨烫是指对成品服装的整理熨烫，使服装各部位平整服帖。从熨烫作业的方式又可分为电熨斗手工熨烫、抽湿烫台与蒸汽模型定型流水线熨烫、黏合机熨烫。

（1）电熨斗手工熨烫。包括调温熨斗、不调温熨斗两种，通过电熨斗使织物受热，再配以推、归、拔、烫等一系列工艺技巧达到热塑定型的目的。

（2）抽湿烫台与蒸汽模型定型流水线熨烫。这些熨烫设备是20世纪90年代生产的新产品，是利用蒸汽发生器与蒸汽熨烫机喷出的高温高压蒸汽对织物加热、给湿，使纺织纤维变软可塑，并通过一定的压力使其定型，由于使用蒸汽并高温高压，蒸汽均匀地渗透到织物内部，织物纤维变软，可塑性能提高，织物套放在一定规格的模型上，增大了塑型、定型的可能，从而得到极佳的熨烫效果。

（3）黏合机熨烫。随着服装辅料的不断开发，服装黏合的内容、方法也不断增加，黏合机熨烫对服装大工业生产效率及产品质量、外观效果等都提供了有利的条件。

第二节 手缝工艺

顶针是手缝不可缺少的工具。掌握顶针的正确使用方法，能使手缝效率提高。

一、平缝（图2-1）

平缝针法是手缝中最基本的缝法，用于把比较薄的双层面料缝合在一起。针距控制在 0.3 ~ 0.4cm，缝份通常为1cm。

二、回针缝（图2-2）

回针缝是针尖后退式的缝法。面料表面的线迹平直连续，有时为斜线形。线迹前后连接，外观与缝纫机线迹相似。主要用于加固某些部位的缝纫牢度，或者为了避免某些斜丝部位在车缝过程中变形而先用回针缝加固一道，如袖窿、领窝等部位。针距根据使用部位不同有所调整，针距为0.6~1.0cm（图2-2）。

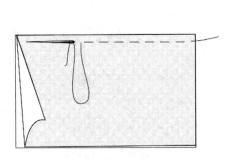 

图2-1　平缝　　　　　　　　　　图2-2　回针缝

三、缭针（图2-3）

缭针是将牵条布缭在衬上或需要将衣服的贴边固定时使用的针法。自右向左、自内向外运针，每针间隔0.2cm，线迹为斜线形。

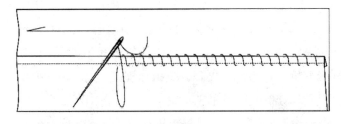

图2-3　缭针

四、缲针（图2-4）

缲针分为明缲针和暗缲针，常用于固定衣服的贴边。明缲针如图2-4（a）所示，为自右向左、由内向外运针，略露线迹，针距为0.3cm；暗缲针如图2-4（b）所示，运针方向相同，上下层分别挑缝，线迹在折边缝口内，针距为0.5cm，线迹较松弛。

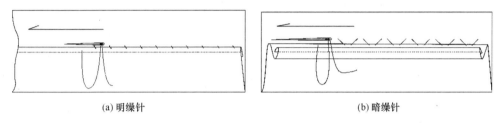

(a) 明缲针   (b) 暗缲针

图2-4　缲针

五、三角针（图2-5）

三角针也称侧针，线迹内外交叉，自左向右倒退运针，将折边依次缝牢。三角针正面不露针迹，缝线不易过紧，针距为0.8cm，常用于衣服底边、袖口及裤口折边的缝合。

六、打套结（图2-6）

打套结常用于加固服装开口处。先在开口处顶端用平针缝四道衬线，针距为0.6～0.8cm，然后按图示方法锁缝（具体方法与锁扣眼相同）。针距均匀整齐，并且针迹要缝在衬线下的布料上。

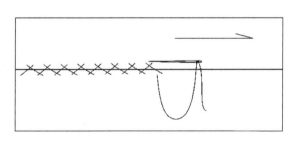

图2-5　三角针

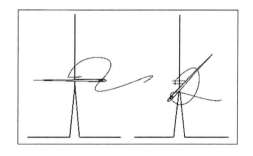

图2-6　打套结

七、锁扣眼

扣眼根据缝锁外观形态不同可分为平眼和圆眼，因制作方法不同分机锁眼和手锁眼。图2-7所示是手工平头扣眼的缝制步骤；图2-8所示是圆头扣眼的缝制步骤。

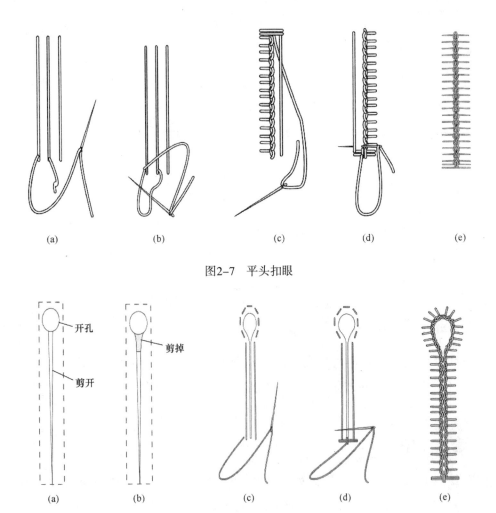

图2-7　平头扣眼

图2-8　圆头扣眼

八、钉纽扣（图2-9）

纽扣在服装上具有实用和装饰两种作用。实用扣的位置要与扣眼位置相对应。钉扣时底线要放出适当的松量作缠绕扣脚用，纽扣脚的高度略大于扣眼厚度。装饰扣与扣眼不发生关系，因而不必留纽扣脚，钉扣时缝线可以适当拉紧。图2-9（a）~（f）所示为实用扣缝制步骤；图2-9（g）~（i）为装饰扣的缝钉。

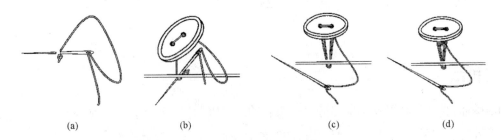

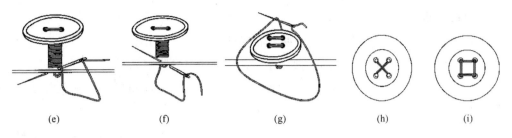

(e)　　　　　　(f)　　　　　　(g)　　　　　　(h)　　　　　　(i)

图2-9　实用扣及装饰扣的缝钉

第三节　机缝工艺

服装是由一定数量的衣片构成的，衣片之间的连接线称为"衣缝"。由于服装款式及面料各不相同，因而在缝制过程中所采用的连接方式也不相同，由此形成不同的缝型。每一种缝型要求有不同的缝份宽度，缝份加放对于服装的成品规格起着重要作用。因此，缝型不仅是服装的缝制问题，也关系到服装的结构设计。为了熟练掌握服装缝制工艺，首先要掌握基本缝型的特点和缝制方法。

一、机缝前的准备

机缝的线迹是服装造型的基础，线迹必须结实漂亮，因此调整底线和面线的松紧适合是非常重要的。

1.底、面线的调整方法（图2-10）

底线均匀地绕在锁芯上，装入锁壳，将线头绕出锁壳，用手提线头并感觉线松紧适度。正确穿好面线并调试好夹线器的松紧。图2-10（a）所示是正确的线迹状态，底、面线松紧适中，不论面料的正反面线迹显示套结在面料中间；图2-10（b）是底线过紧、面线过松的线迹状态，底、面线套结在面料的反面，适当调紧面线可解决这个问题；图2-10（c）与图2-10（b）是相反的状态，是面线过紧、底线过松的线迹状态，这两种情况都可以通过面线夹线器来调整线迹状态。

(a)正确的线迹状态

(b)底线过紧、面线过松的线迹状态

(c)面线过紧、底线过松的线迹状态

图2-10　线迹状态

2. 机缝注意事项

（1）缝直线：用手扶着衣片防止两层布错开，一直向前方推进。

（2）缝曲线：稍微放松线及压脚，好让衣片自然前进缝制。

（3）缝拐角：在机针缝至拐角处时，务必让机针刺入面料后，再抬起压脚、转换方向。

（4）缉明线：明线大多出现在止口、领口、袖口、口袋等周围，起固定和装饰作用。使用粗线、大针脚、彩色线可达到好的装饰效果。为了使线迹宽度一致，最好在缝纫机上安装明线定规（一种协助缝制的辅助小工具）。

二、机缝工艺

1. 平缝

平缝是将两层裁片的正面相对，用平缝机车缝一道线，如图2-11所示。此缝型的缝份宽度一般为0.8~1.2cm，在缝制工艺中，此缝型是最简单的。将缝份倒向一侧称为"坐倒缝"，将缝份分开烫平称为"分缝"。该缝型广泛运用于上衣的肩缝、侧缝，袖子的内外缝，裤子的侧缝、下档缝等部位。在缝制的开始和结束时都要倒回针，以防止线头脱散。另外，还要注意使上下裁片的布边对齐，松紧一致。

 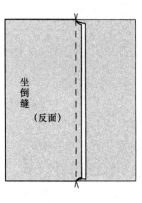 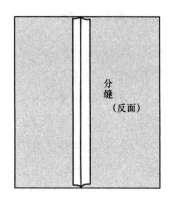

图2-11　平缝

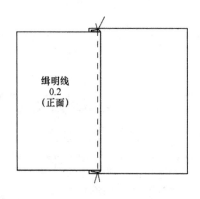

图2-12　压倒缝

2. 压倒缝

压倒缝又称坐缉缝。如图2-12所示，先将两层裁片正面相对，车缝一道线，然后按照规定的缝份扣倒烫平，按预定的位置把毛边单边坐倒，在正面距边沿0.2cm处缉明线。此缝型常用于男裤的侧缝，衬衫的过肩、贴袋等部位。

3. 内包缝

内包缝又称作反包缝和暗包缝。如图2-13所示，先将两片裁片的正面相对，上层裁片稍向左移，下层裁片露出预定的缝份，将下层裁片的缝份向左折叠包住上层裁片的毛边，再沿折边按照预定的宽度车缝一道0.1cm宽的线，然后将上层裁片向右翻折，使上层裁片正面向上，在距边沿设定的距离缉一道明线。包缝的宽度一般为0.4cm、0.6cm、0.8cm、1.2cm等。内包缝的特点是在布料的正面只能看到一道明线，而在布料的反面则能看到两道缝线。此缝型常用于肩缝、袖缝、侧缝等。

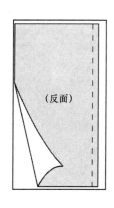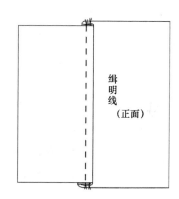

图2-13　内包缝

4. 外包缝

外包缝又称作正包缝或明包缝，如图2-14所示，缝制方法与内包缝相同。缝制时将裁片反面相对，然后按照内包缝的步骤进行操作。包缝的宽度一般为0.5cm、0.6cm、0.7cm等。此缝型的外观特点与内包缝正好相反，正面能够看到两道明线，反面只有一道缝线。此缝型常用于西裤、夹克的缝制。

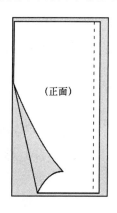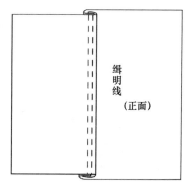

图2-14　外包缝

5. 来去缝

来去缝是一种正面不见线迹的缝型，如图2-15所示。缝制时先将裁片的反面相对，沿折边缉一道明线，并将缝边修光，然后将裁片的正面相对，在距边沿0.6cm处缉一道明线，并将第一道缝份的毛边包裹在第二道缝份之内。此缝型一般用于薄型面料。

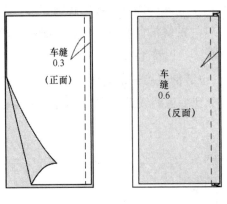
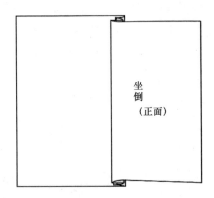

图2-15　来去缝

6. 滚包边

滚包边是一种只需一次缝合，便可将两片缝份的毛边全部包净的缝型。如图2-16所示，将两片裁片正面相对，上层裁片向左移，下层裁片露出1.5cm的缝份，再将下层裁片的缝份扣烫出0.5cm的折边，然后把剩下的1cm缝份扣折，并压在上层裁片上，按图所示的位置缉一道明线。滚包边既省工又省钱，一般适用于薄型面料。

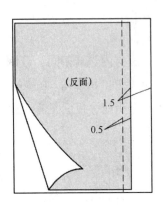
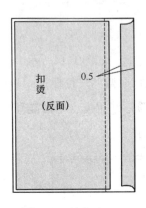
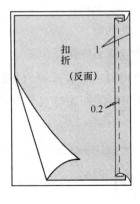

图2-16　滚包边

图2-17　搭接缝

7. 搭接缝

搭接缝也称为骑缝，如图2-17所示。将两裁片拼接的缝份重叠，在重叠部分的中间缉一道线固定，可以减少缝份的厚度。由于此缝型的毛边暴露在外面，所以仅能用于拼接衬布。

8. 分压缝

分压缝亦称分坐缉缝或劈压缝，如图2-18所示。先将两裁片正面相对车缝，然后将缝头分开，在缝头上缉0.1cm的明线。

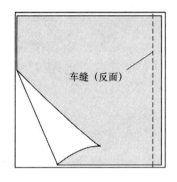

车缝（反面）

分缝缉明线
0.1
（反面）

图2-18　分压缝

本章小结

逐步掌握各种不同面料的缝制方法，并通过反复的实践应用，就能够制作出漂亮的服装。要反复地练习直到熟练，这对于掌握服装构成是十分重要的。

学习重点

掌握熨斗温度与不同面料的关系，熨烫温度、熨烫时间及熨烫压力三者的关系；熟练掌握不同针法的操作，不同针号与不同面料的匹配；熟练使用平缝机练习多种缝型。

思考题

1. 底、面线不符如何调整？
2. 常用的手缝工艺有哪些，都是如何操作？
3. 常用的机缝工艺有哪些，是如何缝制？
4. 运用所学手缝工艺制作一个工艺品（最好是自己设计的作品）。
5. 运用所学机缝工艺制作一个实用的生活用品，如包、围裙等。

部件制作篇

第三章
服装部件制作

课题名称：服装部件制作

课题内容：口袋的制作工艺

领子的制作工艺

袖子的制作工艺

门襟及开衩的制作工艺

课题时间：56课时

训练目的：学习缝制贴袋、插袋、嵌线口袋。

教学方式：示范操作。

教学要求：要求学生多动手多练习。

作业布置：根据课程进行实操练习。

第一节 口袋的制作工艺

一、贴袋制作工艺

1. 平贴袋（图3-1）

图3-1（a）将袋口锁边，剪掉袋口与侧面缝边间的夹角。用手针将袋布两边圆角部分缩缝，如图3-1（b）所示，用卡纸制作净样口袋样板进行扣烫；如图3-1（c）所示在衣片反面垫袋脚布以增加牢固度；如图3-1（d）所示在规定的位置安装口袋，在袋口两边缉三角形封口，以加固袋口，防止开线脱散。

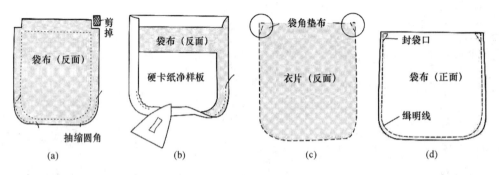

图3-1 平贴袋

2. 暗裥贴袋（图3-2）

图3-2（a）将袋口贴边粘衬并烫折一边的缝头；图3-2（b）将袋布折叠烫平；图3-2（c）将贴边与袋布正面相对缝合在袋布上之后反折，缉明线0.3cm，折裥部分用手针绷缝固定；其后的工艺与平贴袋相同。完成效果见图3-2（d），可缉单明线，也可缉双明线，宽度为0.1cm或0.5cm。

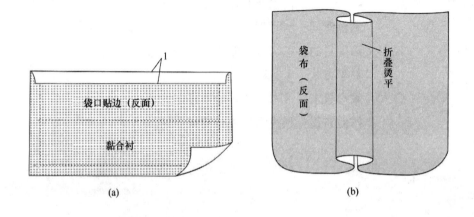

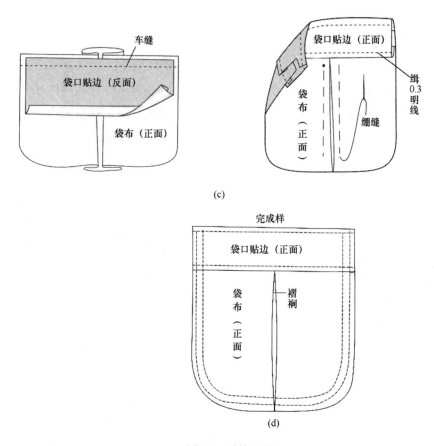

(c)

(d)

图3-2　暗裥贴袋

3. 立体贴袋（图3-3）

图3-3（a）先将袋口折边扣折并缉明线固定，再将袋贴边折向袋布的反面，将袋布和袋贴边缝合，沿袋布边缉明线0.2cm；图3-3（b）袋脚向里折叠并封袋口角，扣折好的袋贴边的另一边按口袋定位标记点缉缝在衣片上，明线宽度0.2cm，最后缉缝袋盖。

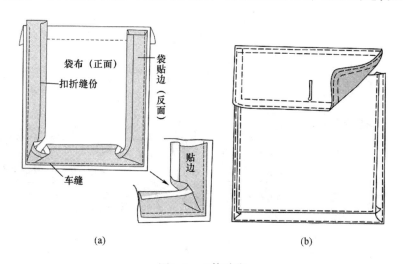

(a)　　　　　　　　　　　　　　(b)

图3-3　立体贴袋

二、插袋制作工艺（图3-4）

1. 普通插袋

如图3-4（a）所示，将裁好的口袋布正面与裤片正面相对，缝合在前裤片上，在弯度大的地方打上剪口；图3-4（b）将袋布翻向裤片里面，缝头折好后缉双明线；图3-4（c）将另一片较大的袋布与其缝合并锁边，侧缝处与前裤片固定一道临时缝。

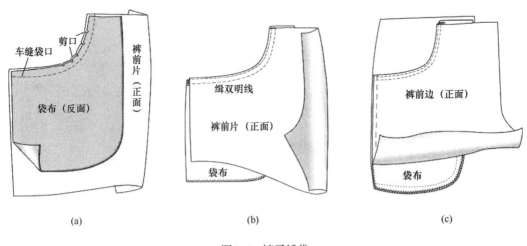

(a)　　　　　　　　　　(b)　　　　　　　　　　(c)

图3-4　裤子插袋

2. 侧缝直插袋（图3-5）

如图3-5（a）、图3-5（b）所示，将准备好的直插袋的袋布展开，一边缝合牵条，另一边缝合口袋垫布，然后袋底用来去缝进行缝合；如图3-5（c）所示，前后裤片的侧缝缝合，在开口袋的位置回针加固，然后将口袋布与前裤片缝合，缝份为0.5cm；如图3-5（d）所示，将前裤片袋口折边连同口袋布一起扣折，在裤片正面缉双明线；如图3-5（e）所示，掀起袋布，先将垫袋布与后裤片缝合，分缝烫平，然后将垫袋布的毛边折光，盖住垫袋布，缉明线0.1cm；如图3-5（f）所示，将前后裤片铺平，在上下袋口位置打套结，并将前裤片的折裥叠好，与袋布一起缝合固定。

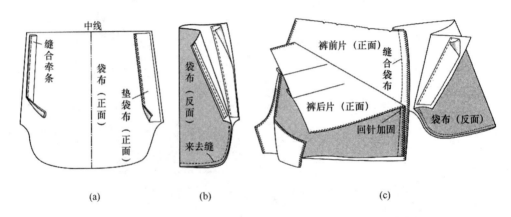

(a)　　　　　　　(b)　　　　　　　(c)

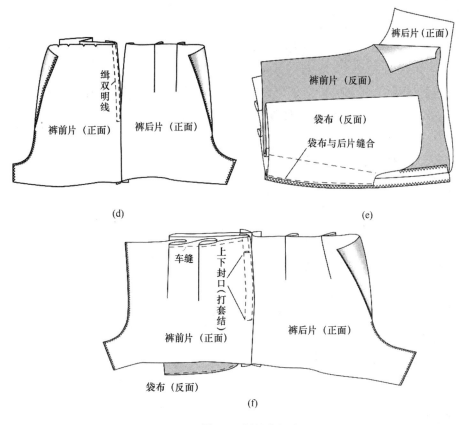

图3-5　侧缝直插袋

三、嵌线口袋制作工艺

1.单嵌线口袋

单嵌线口袋亦称单开线口袋，在服装中应用比较广泛，制作方法一般分为两种。一种是用整块布料做口袋布和袋口布，这种制作方法多用于薄料服装。另一种是袋口布与衣片质地相同，另配以白色口袋布。这种制作方法多用于毛料服装。下面介绍的是第一种单嵌线口袋的制作方法，如图3-6所示。

如图3-6（a）所示，在衣片的反面画出袋口的大小和位置。将一片口袋布平铺在衣片的正面，使袋布的正面与衣片的正面相对，按照袋口的规格车缝四周。剪开袋口，两端打三角剪口。

如图3-6（b）所示，将口袋布翻折到衣片的反面，用熨斗整烫袋口，使袋口四角平整，无死褶。袋口左右两端的止口缩进0.2cm。

如图3-6（c）所示，将袋口上部的缝份分开略加熨烫，然后将缝份向上方扣折，目的是使止口不向外反吐。

如图3-6（d）所示，袋口下部的缝份分开烫平，按照袋口的宽度折叠袋口布，袋口布两端的宽度相等。

如图3-6（e）所示，在衣片的正面沿袋口下线缉明线0.2cm，可以掀起衣片，在袋口布缝份上暗缝一道线固定袋口。

如图3-6（f）所示，将下层口袋布与上层口袋布对齐铺平，掀起衣片，将袋口上线的缝份与口袋布缝合，然后车缝固定袋口两端的三角。缝合两片口袋布并锁边。

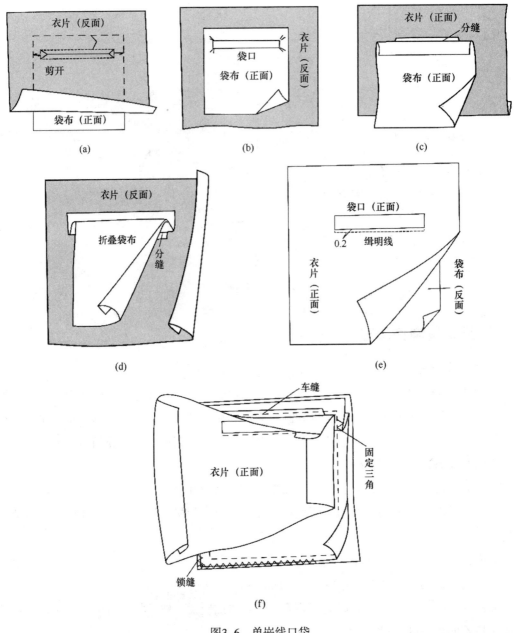

图3-6 单嵌线口袋

2. 双嵌线口袋

如图3-7（a）所示，用与衣片相同的面料裁制一片袋口布。袋口布宽度为7cm，长度等于袋口宽加4cm。袋口布的反面粘一层无纺布黏合衬，然后在袋口布的反面缉两道明线，两线间距为0.8cm，按图示画出袋口线并剪开。

如图3-7（b）所示，裁制两片口袋布。袋布长为15~17cm，袋布宽为袋口尺寸加4cm。在下层袋布上部车缝垫袋布。将袋口布的缝份分别向上下扣折，上下嵌线折成0.4cm宽，两端宽度一致。剪开衣片袋口，两端剪成三角口。注意剪口既要剪深剪透，又不能剪断缝线。

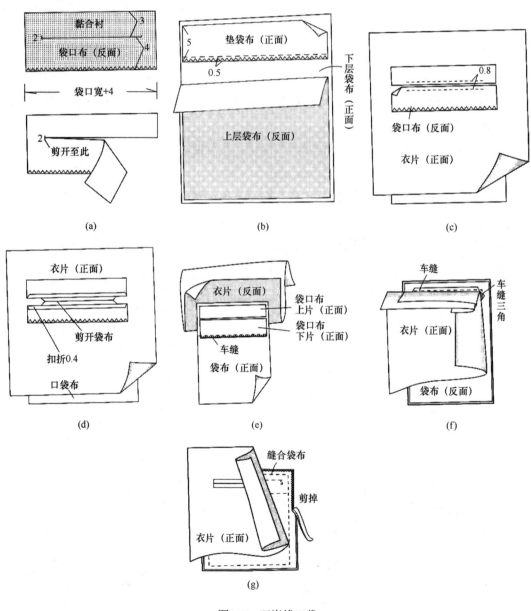

图3-7　双嵌线口袋

如图3-7（c）所示，将口袋布平铺在衣片的反面，对齐袋口位置用浆糊粘牢。袋口布的正面与衣片的正面相对，对齐袋口位置铺平。掀起衣片，在下片袋口布下面的缝份上缉一道线，用来将下嵌线的边沿固定在袋布上。

如图3-7（d）所示，掀起衣片，在上片袋口布的缝份上，靠近袋口位置缉明线，固定上嵌线。将袋口两端的三角翻折向衣片的反面，在靠近袋口的位置回针固定。

如图3-7（e）～图3-7（g）所示，车缝口袋布，在缝线外留1cm的缝份，将多余部分剪掉。

3. 后裤袋

如图3-8（a）所示，将袋布平铺在后裤片的反面，对齐袋口位置，用手针绷缝固定或用糨糊粘住。在袋布下端的袋口位置上缉缝垫袋布。

如图3-8（b）所示，在后裤片的正面按照袋口的位置，装缝袋盖和袋口布。注意使缝线两端对齐并平行。

如图3-8（c）所示，剪开袋口，两端按图示剪成三角口。然后将袋口布和两端三角的缝份向裤后片反面翻折。

如图3-8（d）所示，用袋口布包紧袋口缝份，注意使袋口布宽度一致，两端袋角要折光、折齐，在袋口布的下沿缉明线0.1cm。

如图3-8（e）所示，掀起后裤片，缝合两端三角，然后将袋布反面朝里折叠，用来去缝缝合袋布。

如图3-8（f）所示，将袋盖铺平，从右边开始沿上袋口缉明线，以固定袋盖及袋口两角。

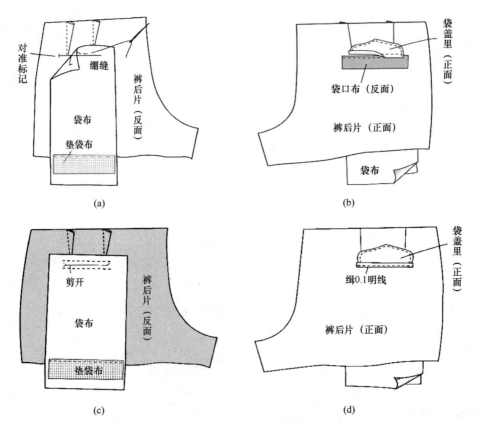

(a)　　　　　　　　　　　　　　　　(b)

(c)　　　　　　　　　　　　　　　　(d)

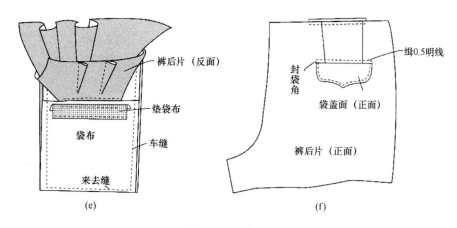

图3-8　后裤袋

第二节　领子的制作工艺

一、后开口圆领制作工艺

以图3-9所示的款式为例，先将纸样按照款式所需的尺寸进行变化，如图3-10（a）所示，然后按图3-10（b）的提示放出缝份，准备好圆领的贴边；面料较厚时，为使肩缝处不至于过厚，可以将缝份略微错开，或者在配置贴边时将肩缝连在一起，不裁断。贴边上好后，将缝头剪齐熨平整，弯曲大的地方多加剪口，可以使

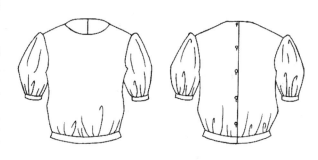

图3-9　后开口圆领短袖衫

弧度平顺，如图3-10（c）所示；贴边反折距面子领口0.1cm烫平。贴边的肩缝、侧缝与面布对应不错开，边口锁边，领口、袖口星缝固定，如图3-10（d）～图3-10（f）所示。

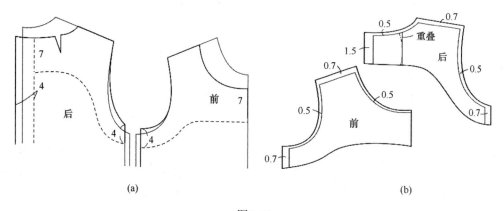

(a)　　　　　　　　　　　　　　　(b)

图3-10

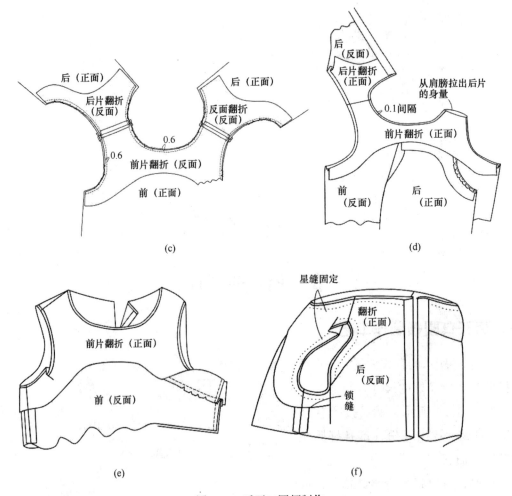

图3-10 后开口圆领制作

二、立领制作工艺

以图3-11所示的款式为例，为了使领子挺实，在领面的反面粘一层黏合衬，并用熨斗将周围的缝份扣烫。如图3-12（a）所示，为了不增加缝头的厚度，黏合衬为净缝。如图3-12（b）所示，领里缉领线按照净缝线扣折烫平，缉缝0.2cm明线。

如图3-12（c）所示，将领里、领面正面相对车缝外领口，为使领面平复，在弧线处打剪口后翻至正面，熨烫整理领形；如图3-12（d）所示，缉领子，将领面与衣片领口对合缉缝，并注意对齐后领中心、领角，尤其注意领角一定要与门襟上端保持垂直，连接顺畅；如图3-12（e）所示，整理缉领后的缝份，并遮住缉领线后锁缝固定。最后

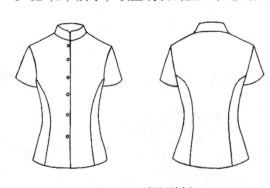

图3-11 立领短袖衫

在领正面缉缝明线0.2cm，绱领子完成。

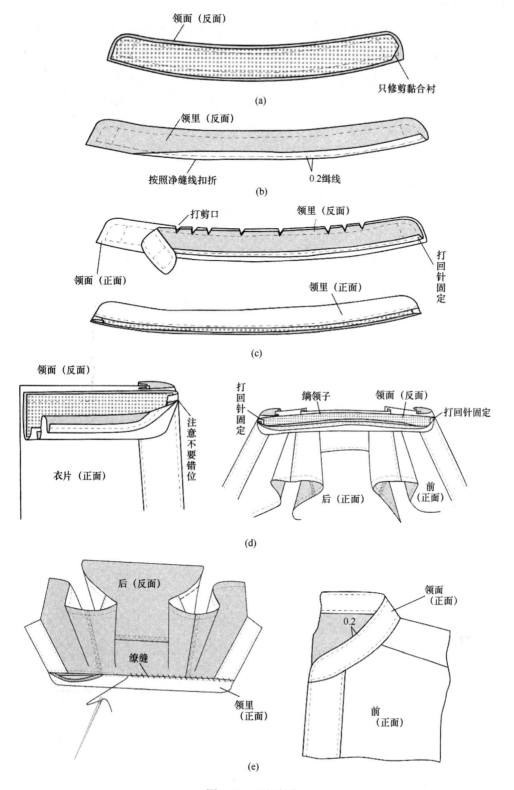

图3-12　立领制作

三、平领制作工艺

以图3-13所示款式为例，按照图3-14（a）、图3-14（b）所示，将领子的纸样完成并做出净样板备用。

按照图3-14（c）、图3-14（d）的提示制作领子。注意：缝合领子时，领面要适当留一些松量，以确保领子反折后不会倒翘；熨烫时将事先做好的领子净样插入，以保证领形规整对称，领面比领里略宽，见图3-14（e）和图3-14（f）；裁2.5cm宽正斜丝的布条，长度与领弧线等长，按图3-14（g）、图3-14（h）所示的方法绲领子。

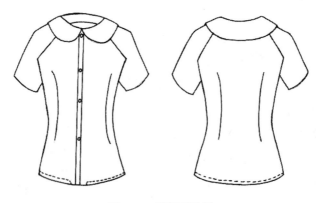

图3-13 平领短袖衫

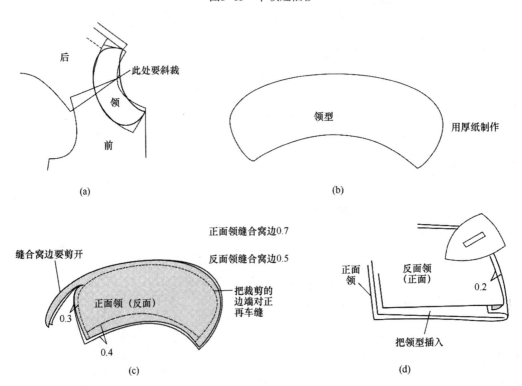

（a）

（b）

（c）

（d）

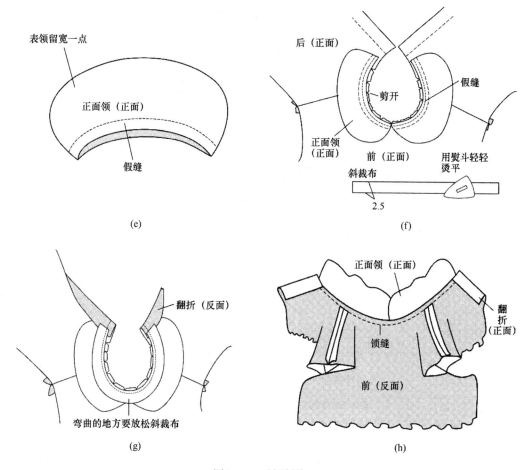

图3-14　平领制作

四、小翻领制作工艺

以图3-15所示款式为例，先将领口修正成所需形态，根据领口弧线长度制作领子样板，并用卡纸制作领子净样板以备制作需要，如图3-16（a）、图3-16（b）所示。

按照图3-16（c）~图3-16（e）的方法制作领子，注意领角的反折方法，折好后烫平，假缝一道线以固定领面、领里，再缉缝0.6cm的明线；之后按图3-16（f）和图3-16（g）所示绱领子。

图3-15　小翻领衬衫

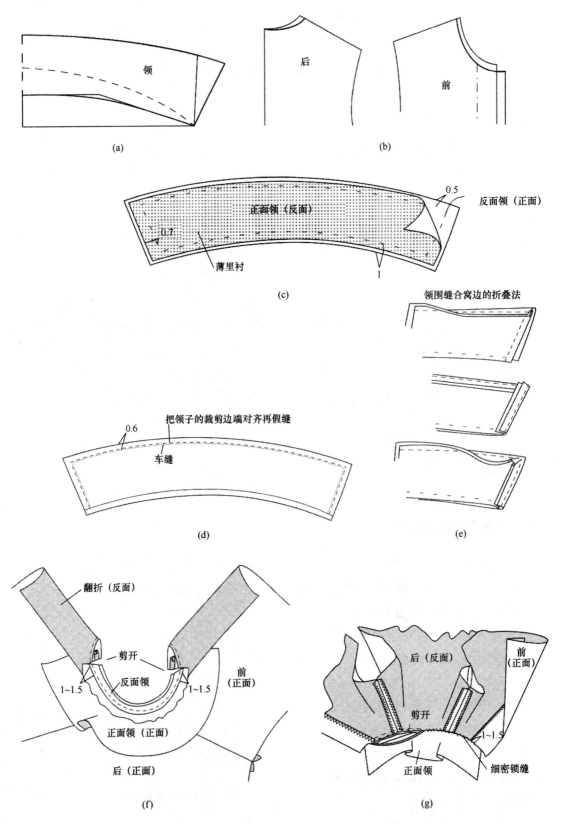

(a)

(b)

(c)

领围缝合窝边的折叠法

把领子的裁剪边端对齐再假缝

(d)

(e)

翻折（反面）

剪开

反面领

前（正面）

1~1.5

1~1.5

正面领（正面）

后（正面）

(f)

后（反面）

前（正面）

剪开

1~1.5

正面领

细密锁缝

(g)

图3-16　小翻领制作

第三节　袖子的制作工艺

一、一片袖制作工艺

一片袖制作工艺如图3-17所示，先按图3-17（a）、图3-17（b）的要求修改纸样，按照最后得到的纸样裁制袖片；用平缝针法将袖口缩缝，抽出所需要的碎褶，如图3-17（c）所示。为了使袖口抽褶部分保持立体的造型，可以把袖口缝头倒向袖身的一边来缝合。制作过程如图3-17（d）~图3-17（g）所示。

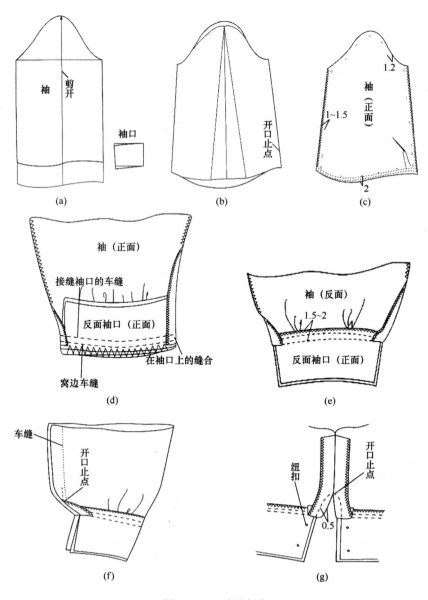

图3-17　一片袖制作

二、两片袖制作工艺

如图3-18所示，这是一款常用的两片袖纸样，按图3-18（a）所示预留缝份，粘合袖口和开衩衬；然后配置袖里布见图3-18（b）；袖衩制作见图3-18（c）、图3-18（d）；缝合袖里布见图3-18（e）；将袖里布外袖缝距净缝线0.3cm处缉缝，再将缝份距缝线0.3cm向外侧折叠；将缝合好的袖里与袖面正面相对缝合袖口见图3-18（f）；缝合袖面与袖里内袖缝，袖面缝份为1cm，袖里缝份为0.3cm，与外袖缝缝制方法相同，里布袖山部分絮缝，见图3-18（g）；将袖面布缝头劈开熨平，整理袖型，两片袖的制作就完成了，见图3-18（h）、图3-18（i）。

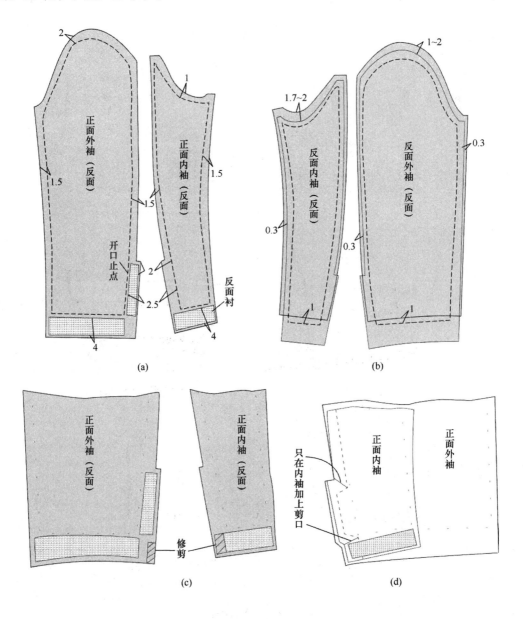

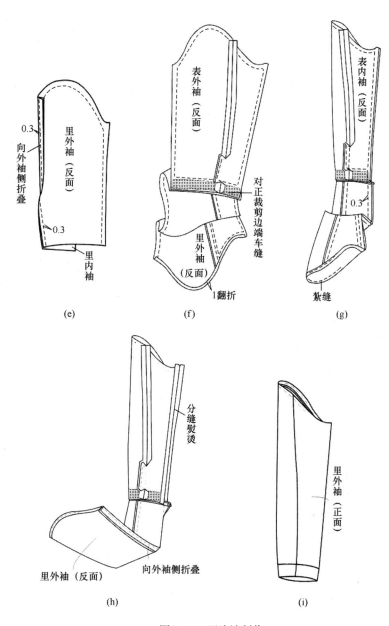

图3-18 两片袖制作

三、插肩袖制作工艺（图3-19）

插肩袖制作工艺纸样修正见图3-19（a）；用熨斗将袖片肩头弧线部分归拢，使余量涌向袖片中部，在袖缝处用胶带把折叠量固定，如图3-19（b）、图3-19（c）所示；袖口衬在缝合处修剪并用回针缝固定在袖片上，肩头弧线不要拉直缝合；缝合后将缝头劈缝熨烫，插肩袖的制作就完成了，见图3-19（d）、图3-19（e）。注意：在肩头弧线处垫上厚纸，以确保缝合圆顺。

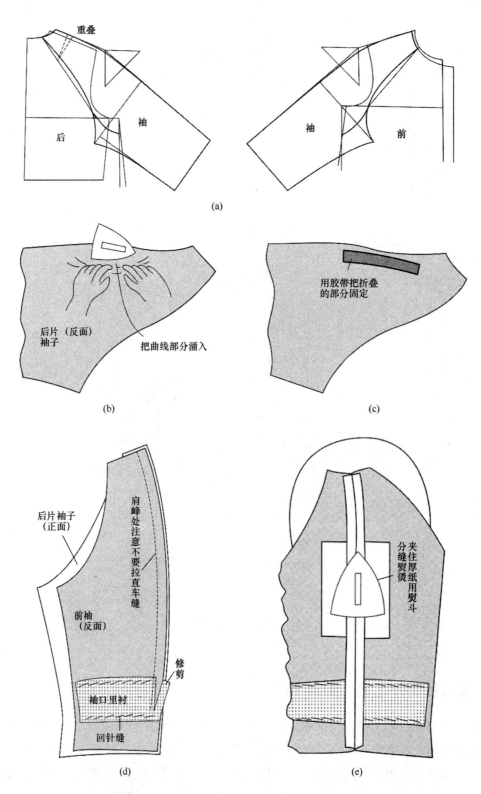

重叠

后 袖

(a)

袖 前

后片（反面）袖子

把曲线部分涌入

(b)

用胶带把折叠的部分固定

(c)

后片袖子（正面）

肩峰处注意不要拉直车缝

前袖（反面）

修剪

袖口里衬

回针缝

(d)

夹住厚纸用熨斗

分缝熨烫

(e)

图3-19　插肩袖制作

第四节　门襟及开衩的制作工艺

一、半身裙后开衩制作工艺（图3-20）

半身裙后开衩纸样如图3-20（a）所示。

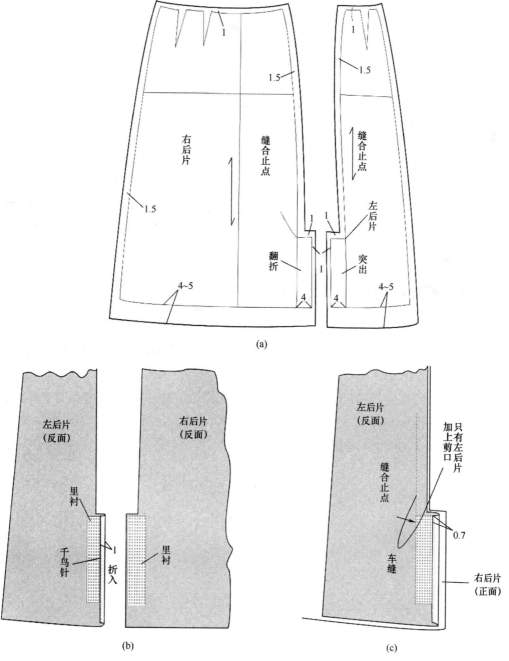

图3-20

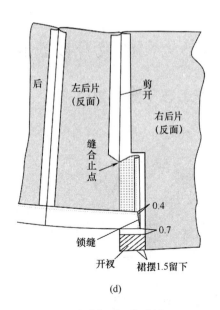

(d)

图3-20 半身裙后开衩制作

开衩处贴衬，左后片开衩反折1cm缉缝，见图3-20（b）；缝合两后片，距开衩突出处边沿0.7cm时垂直折缝，并只在左后片的拐角处做剪口，见图3-20（c）；劈开缝头烫平，反折下摆整理开衩折角，见图3-20（d）。

二、裤子拉链式门襟制作工艺（图3-21）

裤子拉链式门襟制作工艺按提示调整纸样缝头及门襟裁片，见图3-21（a）。

按图3-21（b）所示留出缝头烫黏合衬；将门襟缉缝在右前片上，翻折熨平；缝合裆缝至门襟止点，见图3-21（c）~图3-21（e）。

如图3-21（f）、图3-21（g）所示，拉链距底襟边沿2cm固定，用绷缝针0.7cm缝头固定（将拉链牙推出0.3cm），然后0.1cm缉缝至开口止点；最后在正面缉缝明线，宽度为2.5cm，在开口止点处打回针固定，见图3-21（h）。

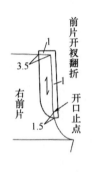
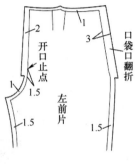

(a)

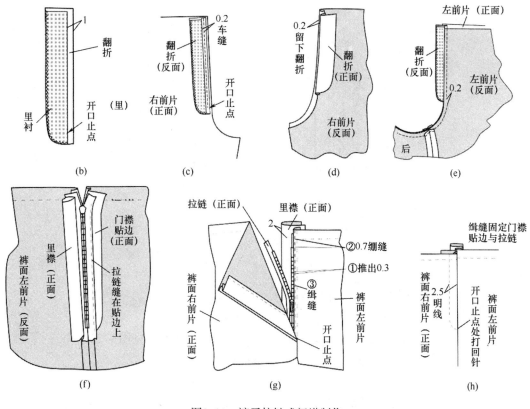

图3-21 裤子拉链式门襟制作

三、暗门襟制作工艺（图3-22）

暗门襟制作工艺衣片右襟宽、左襟窄，见图3-22（a）；右襟为连裁贴边形式，在贴边反面贴黏合衬，见图3-22（b）；从暗门襟下方止口处向内折出贴边，在中心线上锁扣眼，并剪掉下摆多余的缝份，见图3-22（c）。

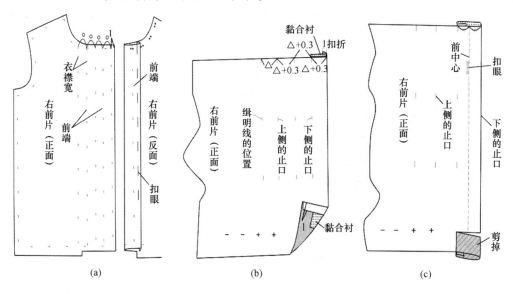

图3-22

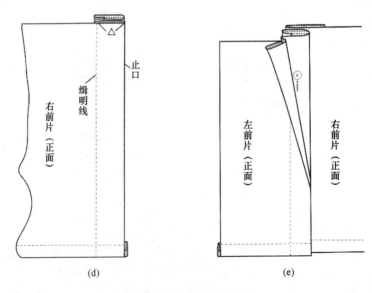

图3-22　连贴边暗门襟制作

　　按照净缝线折叠暗门襟，在衣身正面缉明线固定暗门襟布，见图3-22（d）；下摆扣折后缉明线固定。最后在衣身左片钉纽扣，见图3-22（e）。

本章小结

　　部件制作是服装制作的基础，也是关键。熟练掌握各种部件制作，不管服装款式如何变化，制作工艺都可以应对自如。

学习重点

　　部件制作有许多技巧，掌握技巧对完成部件制作非常有帮助。多做多练仍然是掌握制作技术的关键。

思考题

　　1. 圆底贴口袋的圆边制作技巧是什么？
　　2. 如何能将尖的领角制作平整？
　　3. 裤子的门、里襟男女款有区别吗？
　　4. 领面、领里的松紧如何掌握？

实操篇

第四章
下装缝制工艺

课题名称： 下装缝制工艺

课题内容： 女西装裙缝制工艺

　　　　　　低腰波浪裙缝制工艺

　　　　　　女式牛仔裤缝制工艺

　　　　　　男西裤缝制工艺

课题时间： 72课时

训练目的： 学习掌握常见下装的制作工艺。

教学方式： 示范操作。

教学要求： 要求学生多动手多练习。

作业布置： 根据课程进行实操练习，按质量要求完成每件单品的缝制。

第一节　女西装裙制作工艺

一、女西装裙款式图及特征描述（图4-1）

外轮廓合体直身，下摆略收，装腰头；前、后裙片各收省4个，后中缝上部装拉链，下部开衩，右门襟腰头处锁扣眼1个，里襟处钉纽扣1粒。

图4-1　女西装裙款式图

二、女西装裙成品规格、结构图、放缝图与裁剪图

1. 女西装裙成品规格（表4-1）

表 4-1　成品规格　　　　　　单位：cm

名称 号型	裙长	臀围	腰围
160/66A	56	96	68
165/70A	60	100	72
170/74A	64	104	76

2. 女西装裙细部规格（表4-2）

表 4-2　细部规格　　　　　　单位：cm

名称	腰头宽	后衩高	后衩宽	拉链长	下摆折边	腰头里襟宽
规格	3	18	4	18	4	3

3. 女西装裙结构图（图4-2）

4. 女西装裙放缝图（图4-3）

5. 裁片部件与辅料数量

前裙片、裙腰、里襟各1片；后裙片1片；裙腰头衬1片；后衩贴边衬2片；拉链、纽

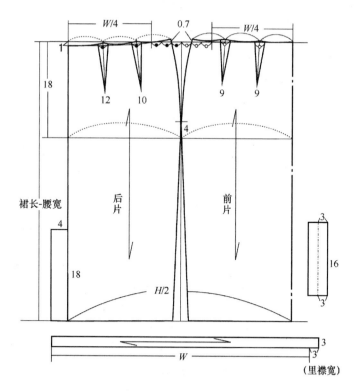

图4-2 女西装裙结构图

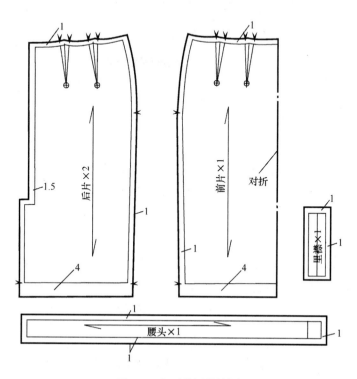

图4-3 女西装裙放缝图

扣、配色线、拉链门里襟侧衬各1片。

6. 粘衬（图4-4）

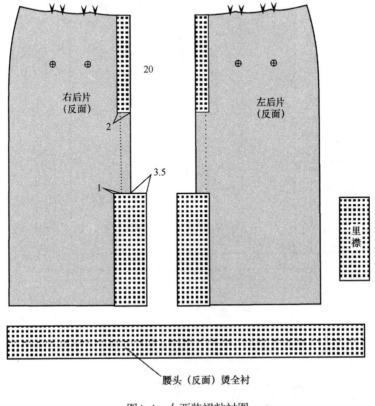

图4-4　女西装裙粘衬图

三、女西装裙缝制工艺

（一）制作工序

准备工作→作标记→烫黏合衬→锁边→收省→合后中缝、做后衩→后中绱拉链→合侧缝→做腰、装腰→做底边→做手工（锁眼、钉扣）→整烫。

（二）准备工作

（1）针号：80/12号或90/14号。

（2）针距密度：14～16针/3cm。

（3）作标记：按样板分别在面料的前、后裙片的省位、开衩、侧缝臀位、底边宽度、裙腰等作剪口标记。要求剪口深度不超过0.3cm。

（4）烫黏合衬：将腰头、里襟、后衩贴边、后中缝装拉链处（长20cm，宽2cm），烫黏合衬。

（三）缝制工艺

1. 锁边

除腰口线外的裙前片侧缝、底边，裙后片侧缝、底边，后中心线、里襟下口与里襟长边都要锁边。

2. 收省（图4-5）

在裙片反面依省中线对折车缝省道。省要收得尖，省尖留线头打结。面料的前片省缝向前中烫倒，后片省缝向后中烫倒，省尖胖势要烫平，不可有窝点。

图4-5 收省

3. 合后中缝、做后开衩（图4-6）

左右后片正面相对，按1.5cm缝份从开口止点起针，经开衩点，缝至距开衩1cm处止。在左后片的开衩点缝份处打一斜剪口，将后中缝分缝烫开，上端门里襟沿后中缝扣转烫顺，左后片缝头按净样烫0.2cm，直至拉链缝止点下2cm处，下端后衩向右边烫倒。

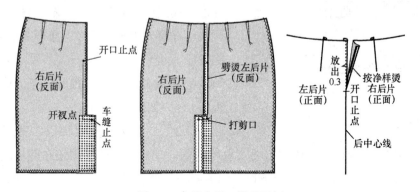

图4-6 合后中缝，做后开衩

4. 后中绱拉链（图4-7）

（1）制作里襟，沿中线正面相对，里襟下口与里襟长锁边，如图4-7（a）所示。

（2）固定里襟与拉链，拉链左边距里襟锁边线0.6cm处放平，用单边压脚在距齿边0.6cm处与里襟车缝固定，拉链头上距边1.5cm，下距边2cm，如图4-7（b）所示。

（3）固定右侧与拉链，将拉链放平，按扣烫净样线把里襟扳开，正面压线1.2cm，在拉链止口处打回针里，放平里襟，如图4-7（c）、图4-7（b）所示。

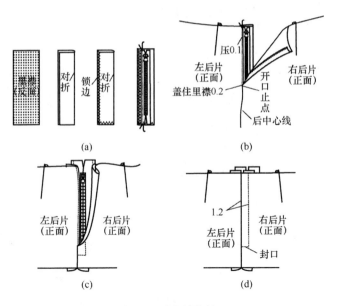

图4-7　后中绱拉链

5. 合侧缝

面料后裙片在下，前裙片在上，正面相对以1cm缝合两侧缝，然后再将两侧缝分缝烫平。

6. 做、绱腰头

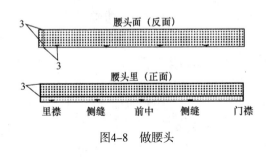

图4-8　做腰头

（1）做腰头：按样板分别在门襟、右侧缝、前中、左侧缝、里襟处作标记。要求剪口深度不超过0.3cm。将裙腰面里对折，然后扣烫腰头面净样宽3cm，腰头里净样宽3.1cm。按腰围规格车缝门襟、里襟两头。要求腰头宽窄一致。将腰头翻到正面，扣烫门襟，修剪腰头面缝份1cm，如图4-8所示。

（2）绱腰头：固定腰口，将裙片、腰头正面相对，用0.8cm缝份车缝固定。要求省缝的倒向正确。漏落缝固定在腰头缝里，腰头面在上，从门襟头起针，沿腰头面下口车漏落缝于裙身至里襟头，同时，缉住背面腰头里0.1cm。要求门里襟长短一致，腰头里缉线不超过0.3cm（图4-9）。

7. 做底边

按规格扣烫好裙摆折边，先用手缝长绗针暂时固定折边，然后用三角针沿包缝线将折边与大身固定。要求线迹松紧适宜，裙摆正面不露针迹。手缝固定衩上开口处，不让后开衩下掉（图4-10）。

8. 锁眼、钉扣

在门襟腰头宽居中、进1.5cm处，锁眼1只，眼大1.7cm。里襟头正面相应位置钉纽扣1粒，纽扣直径1.5cm。

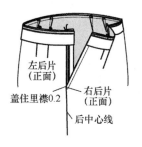

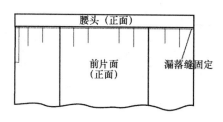

图4-9　绱腰头

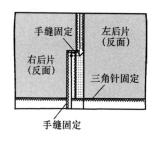

图4-10　做底边

9.整烫

整烫前应先将裙子上的线头、粉印、污渍清除干净。一烫腰头，要求熨烫平服；二烫裙身，把裙子垫在烫凳上，把面料的整个裙身、两侧分开烫平；三烫后衩，在正面喷水盖布将后衩熨烫顺直，并保证衩角不外翘；四烫底边，将贴边熨烫平服。注意外侧折边处重烫，包缝处轻烫。

第二节　低腰波浪裙缝制工艺

一、低腰波浪裙款式图及特征描述（图4-11）

低腰、宽育克，下摆波浪明显，右侧缝装隐形拉链，腰胯部合体，裙长及膝。

二、低腰波浪裙成品规格、结构图、放缝图

1.低腰波浪裙成品规格（表4-3）

图4-11　低腰波浪裙款式图

表 4-3　成品规格　　　　　　　　　　　　　　单位：cm

部位　　号型	腰围	臀围	裙长
155/64A	66	94	48
160/68A	70	98	50
165/72A	74	102	52

2.低腰波浪裙结构图

（1）面料结构图（图4-12）。

（2）育克结构图和纸样展开图（图4-13、图4-14）。

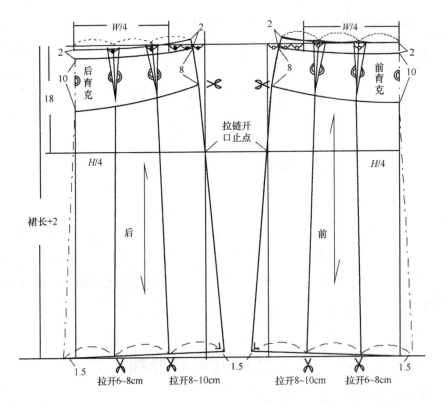

图4-12 低腰波浪裙结构图

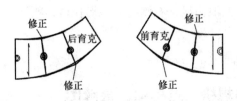

图4-13 育克结构图

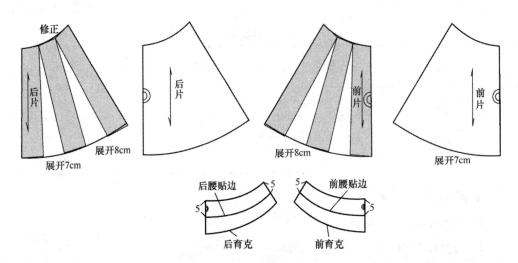

图4-14 纸样展开图

3. 低腰波浪裙放缝图（图4-15）

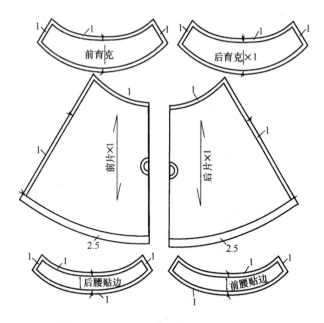

图4-15 低腰波浪裙放缝图

4. 低腰波浪裙部件及辅料

前后裙片各1片，前后裙腰贴边各1片，前后裙腰贴边衬各1片，拉链1条，配色线1轴。

三、缝制工艺

（一）工艺流程

准备工作→粘衬→折烫裙底边→锁边→缝合前后育克分割线→合侧缝→装隐形拉链→装腰里→缝合腰口→缲底边→整烫。

（二）缝制准备

（1）针号：75/11号 或者90/14号。

（2）粘衬：在前后裙片右侧的拉链开口处粘黏合衬，长20cm，宽2cm；后腰贴边反面烫有纺衬，如图4-16所示。

（3）折烫裙底边：缝份2.5cm，扣烫裙底边，注意顺直。

（三）缝制工艺

1. 锁边

除腰口线外，前后裙片、前后育克和前后腰贴边下口锁边。

2. 缝合前后育克

先缝合前片育克分割线，将前裙片和前育克片正面相对，育克片放上，从右至左，前

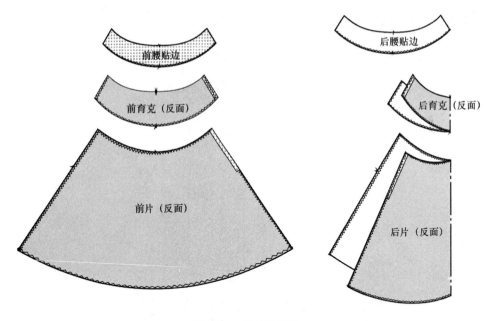

图4-16 粘衬及锁边

中点剪口对齐，以1cm缝份车缝，起止点打回针固定，然后将缝头向上烫倒。后育克分割线缝制方法同前片一样，如图4-17所示。

3. 合侧缝

先缝合左侧侧缝，缝份1cm分缝烫平，再缝合右侧侧缝，从右侧的拉链开口处缝至裙底边，缝份1cm，分缝烫平至腰口。注意起止点打回针。

4. 绱隐形拉链

可先用假缝固定隐形拉链与裙侧缝，再换上单边压脚车缝固定。要求前后片育克线平齐，腰上口平齐（图4-18）。

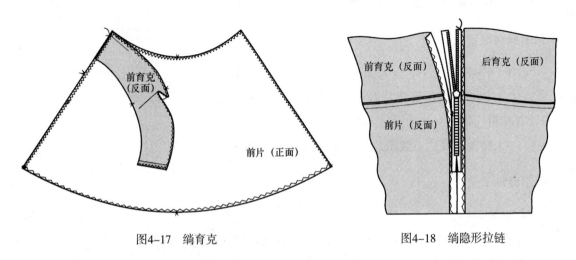

图4-17 绱育克　　　　　　图4-18 绱隐形拉链

5. 装腰里

按1cm车缝前后腰头贴边左侧缝，并分缝烫开。将腰头贴边与裙片正面相对，拉链夹在中间，腰口处对齐，按1cm缝份将腰里、拉链、裙片缝头一并缝合（图4-19）。

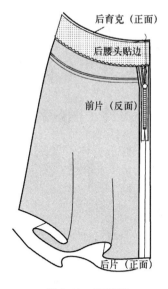

图4-19　装腰里

6. 绱腰头

腰头贴边与裙片腰面正面相对，拉链的上口缝头翻开放平，沿腰口0.9cm车缝，然后将缝头修剪至0.5~0.6cm；再把腰头贴边翻正，腰头贴边的腰口线车缝0.1cm明线，将腰头贴边与缝头缉住；熨烫腰围止口线，注意里外匀，腰面收进0.1cm，最后将腰贴边下口与大身缝住，如图4-20所示。

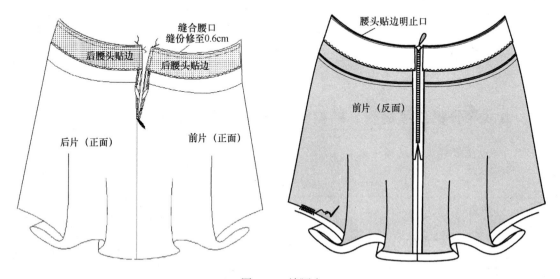

图4-20　绱腰头

7. 缲底边

用手缝三角针法固定裙底边，一般0.8cm/针，缝线不要太紧，正面不露线迹。

8. 整烫

将线头清剪干净，先烫裙子的育克缝，再烫侧缝，烫腰里，最后烫底边。

第三节　女式牛仔裤缝制工艺

一、女式牛仔裤款式图及特征描述（图4-21）

这是一款传统五袋牛仔裤，裤型修身合体。低腰，微型喇叭裤脚，5个串带，裤门襟装拉链。

图4-21　女式牛仔裤款式图

二、女式牛仔裤成品规格、结构图、放缝图与排料图

1. 女式牛仔裤成品规格（表4-4）

表 4-4　成品规格　　　　　　　　　　　　　　　　单位：cm

名称 号型	裤长	上裆长	腰围	臀围	脚口宽
160/64A	97.5	23.3	66	90.4	22.7
165/68A	100	24	70	94	23
170/72A	102.5	24.7	74	97.6	23.3

2. 女式牛仔裤结构图（图4–22）

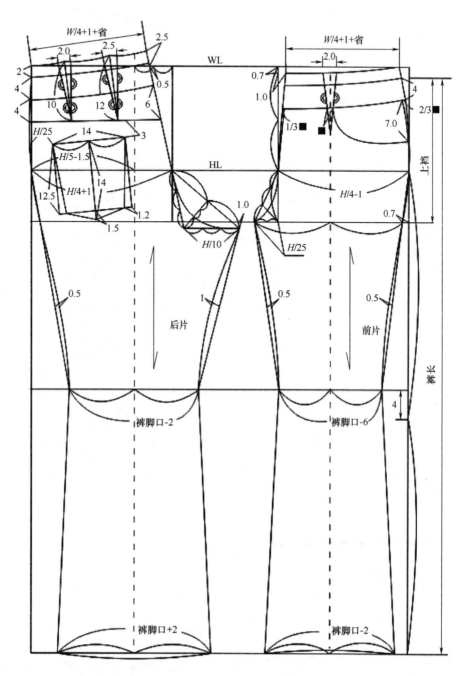

图4-22 女式牛仔裤结构图

3. 女式牛仔裤放缝图（图4-23）

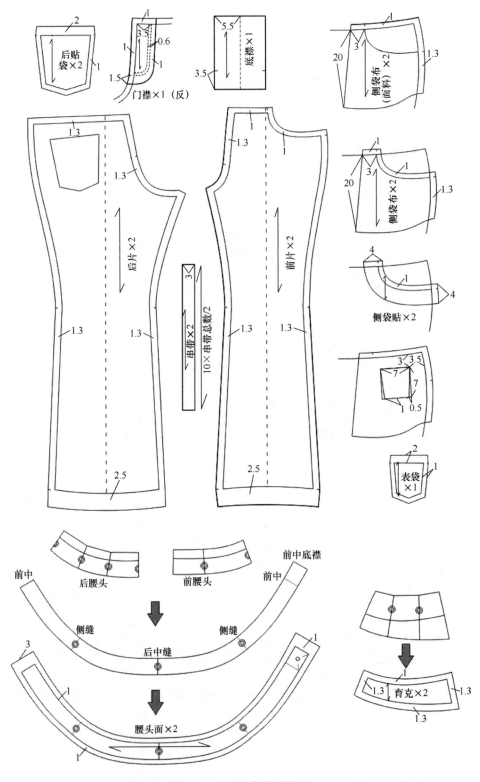

图4-23　女式牛仔裤放缝图

4. 女式牛仔裤排料图（图4-24）

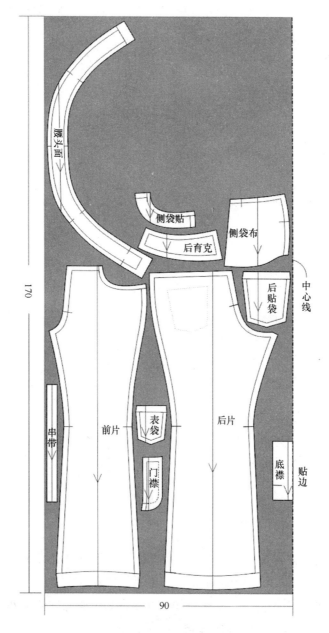

图4-24 女式牛仔裤排料图

5.女式牛仔裤部件及辅料

（1）部件：前裤片、后裤片、后育克、腰头面、门襟、底襟、后贴袋、侧袋布（面料）、侧袋袋贴、串带、表袋。

（2）辅料：侧袋布（袋布）、金属拉链、皮襻、工字扣、铆钉、商标、成分标。

三、缝制工艺

女式牛仔裤的缝制，按照分别将前裤片做好装完门底襟，后片做好合后裆缝，然后合内裆缝、侧缝，最后绱腰头、做裤脚。在缝制之前需要将门襟、底襟、前片裆缝进行包缝，然后进行缝制。

（一）制作工序

（1）表袋、前侧袋缝制。

（2）缉缝门底襟，装拉链。

（3）后片育克、后贴袋缝制及缉缝后裆缝。

（4）缉缝下裆缝、侧缝。

（5）做腰头面，绱裤腰头，缉裤脚。

（6）皮襻缉缝、打枣、锁眼、钉铆钉及工字扣，后整理。

（二）准备工作

（1）针号：14号。

（2）针距密度：12~14针/3cm。

（三）缝制工艺

1.表袋、前侧袋缝制

（1）缉缝表袋：将表袋布按照净样硬纸板折边后上口缉双明线，第一道明线距离折边0.2cm，第二道明线距离第一道明线0.6cm。然后依据表袋位定位样板，在右侧袋布（面料）上标记表袋位置，将缉完上口双明线扣烫好的表袋按照标记位置贴在侧袋布上缉缝双明线，袋口两边回针固定，如图4-25所示。

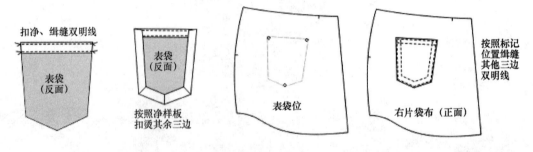

图4-25　缉缝表袋

（2）缉缝侧袋贴于袋布：将包缝好下口弧线的侧袋贴反面与侧袋布（袋布）正面相对，上边对齐，侧袋贴外侧边与侧袋布对齐，沿侧袋贴圆弧边缉线，缝线距边0.5cm。

（3）缉缝侧袋布底：将侧袋布（面料）与侧袋布（里料）反面相对，沿袋底边缉线0.3cm，然后将袋布翻出正面，并在袋底处缉0.5cm明线，要求袋底弯位要圆顺，见图4-26。

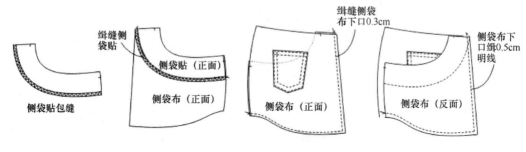

图4-26　缝制前侧袋

（4）做前弯侧袋口：将做好的侧袋袋贴一面与前裤片侧袋弯处正面相对缉合，缝份0.8cm，在袋口弯弧处打剪口，注意剪口需距离缝线0.2cm，完成后翻转烫平侧袋袋口，然后在正面侧袋净口缉双明线固定。注意翻转时止口翻尽，熨烫时前裤片侧袋口虚出0.1cm。

（5）固定侧袋袋口：在止口处缉线0.5cm固定前裤片与袋布，完成后的前侧袋口要有一定的宽松量，如图4-27所示。

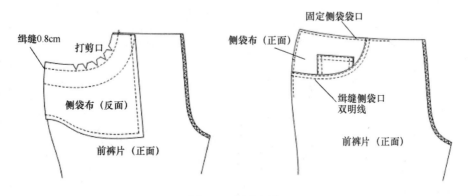

图4-27　固定侧袋

2. 缉缝门底襟，装拉链

（1）缉缝拉链于门襟处：将拉链与包缝完圆弧一边的门襟正面对正面，拉链尾与门襟圆位要对齐，门襟直边处下端距边1cm，上端距边1.3cm，双线缉门襟包边一边的拉链布。

（2）缉缝底襟末端：将底襟按正面对正面对折，从止口边向折位线缉缝，然后翻出底襟正面，底襟末端止口翻尽。完成后将底襟止口边双层一起包缝，如图4-28所示。

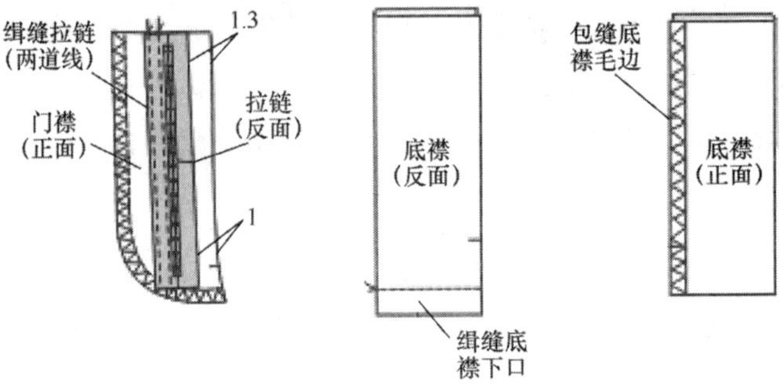

图4-28 缉缝门襟底襟

（3）绱门襟于左前裤片：将缉好拉链的门襟与前裤片左片面面相对，由腰口处开始缉缝，缝份0.7cm。将缉合的门襟翻转向裤片的背面，扣烫平整，扣烫时，让面虚出0.1cm。完成后在左前衣身前裆部位距边0.2cm处缉明线，明线从腰上口开始缉合至前片裆点处。要求翻门襟时止口必须翻尽，完成后的前裆位顺直。

（4）缉门襟双明线：按照门襟明线样板缉合，要求缉线均匀，完成后的门襟位要平服，如图4-29所示。

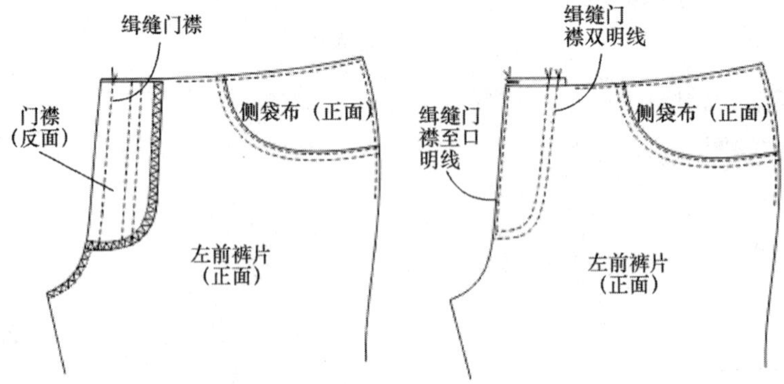

图4-29 做门襟

（5）绱里襟及缉合右前小裆：将拉链布处于底襟和右前裆中间，右前裆向里折0.7cm，底襟缝份1cm，距边0.1cm缉缝固定底襟、拉链和右前衣身，再将右前小裆向面折0.7cm后缉线固定。

（6）双明线缉缝前小裆：将左前小裆止口向里折后叠在右前小裆处，由小裆底缉双明线至门襟线上3针左右，要求缉线均匀，没有落坑现象，如图4-30所示。

3. 后片育克、后贴袋缝制及缉缝后裆缝

（1）缉缝后袋花：用胶印在后袋面印出袋花，要求袋花清晰、对称。按照印制好的袋花缉线，要求缉线必须与所印袋花线形状相符。

（2）缉缝后袋口：将后袋布按照净样硬纸板折边后上口扣净缉双明线。要求止口和缉线必须均匀，袋口平直。

（3）熨烫后袋：将后袋净样板放在后袋正中位，折起止口并烫实，要求袋花必须处在正中位置。

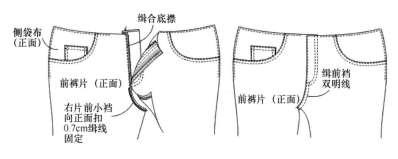

图4-30　合小裆

（4）缉缝后片育克：双针埋夹机将后片育克与后裤片缉缝，要求止口均匀、缝份1.3cm，头尾对齐，左右片不可缉反，如图4-31所示。

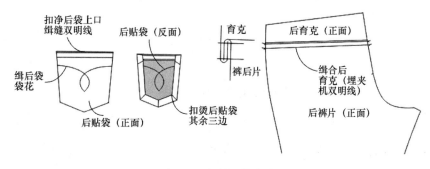

图4-31　缉缝后片育克

（5）缉缝后贴袋于后裤片：按照后袋位定位样板标记袋位，双明线缉缝贴袋于后裤片上。要求后袋左、右对称，缉线均匀，袋口平服。

（6）缉缝后裆缝：双针埋夹机缉缝后裆，止口均匀，头尾及育克分割线处要对齐，如图4-32所示。

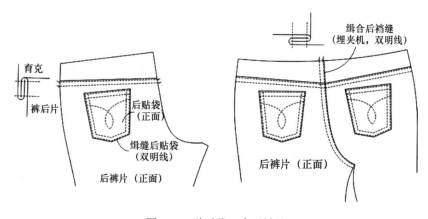

图4-32　贴后袋、合后裆缝

4. 缉缝下裆缝、侧缝

（1）缉缝下裆缝：双针埋夹机缉缝下裆缝，要求前裆缝和后裆缝对齐，脚口对齐，均匀缝合，如图4-33所示。

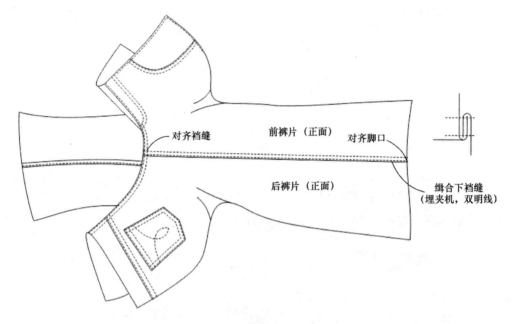

图4-33　缉缝下裆缝

（2）缉缝侧缝：五线锁边缉缝外侧缝，要求前、后裤片在裤腰和裤脚处对齐。完成后将裤片翻至正面，外侧缝止口翻于后衣身处，距边0.2cm缉外侧裤腰顶线，缉至侧袋口向下10cm处止，完成后回针固定。要求缉线位置均匀、准确，如图4-34所示。

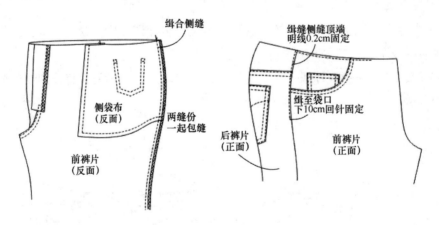

图4-34　缉缝侧缝

5. 做腰头面，绱裤腰头，缉缝裤脚

（1）做腰头面：牛仔裤腰头的正反两面都采用面料。用净腰样板在腰头面一层的反面上下距边1cm绘制出腰头面，并标记好前后中点及侧缝位置。腰头里定位后中点位置，

完成后将商标居中缉缝与腰里正面上。将两层腰头面正面相对，按照画线缉缝腰头面上口线，缝份1cm，缉合准确、顺畅。完成后将腰头面翻转扣烫上下止口，注意上下两层腰头面扣烫完全一致，宽度均匀标准，如图4-35所示。

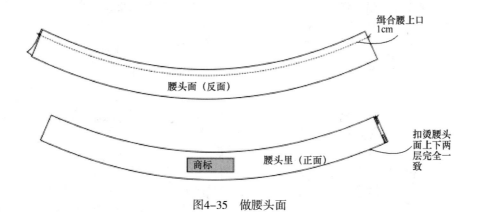

图4-35　做腰头面

（2）缝制串带：用串带专用机缝制串带，完成后将整条做好的串带剪成10cm长，共5根备用，如图4-36所示。

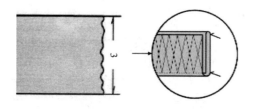

图4-36　缝制串带

（3）固定串带于裤腰头上：在裤片腰口部位定好串带的位置，前片串带对准前侧袋止口处向前中1cm，后串带与裤后中双明线对齐，中间的串带在前后两串带中间。将串带一端同腰口线对齐，反面向上由腰口线向下0.7cm，将串带与裤片临时缉合。

（4）绱裤腰头：将腰头面正面与裤片的正面相对，按照裤腰反面标记位置从左前片门襟止口处开始缝合，沿腰头面反面下口标记线缝合，缝份1cm，缝至底襟止口处。完成后将腰头面正面相对反面前中处对齐，分别沿门襟、底襟止口处向外0.2cm缉缝封腰面止口，缉线完成后修剪多余缝份翻转熨烫，放平腰面距离腰面四周止口0.2cm缉明线一周固定。注意缉缝时在左前裤片居中处将成分标夹于腰头面裤片内一起缉缝。要求腰头面平服，缉线距边一致，如图4-37所示。

（5）缉缝串带：距离腰下口2cm折缉串带，距边0.2cm缉合固定，串带向上折留0.2cm松量，与腰上口平齐封0.2cm明线固定，将多余的串带预留0.5cm沿根剪掉，如图4-38所示。

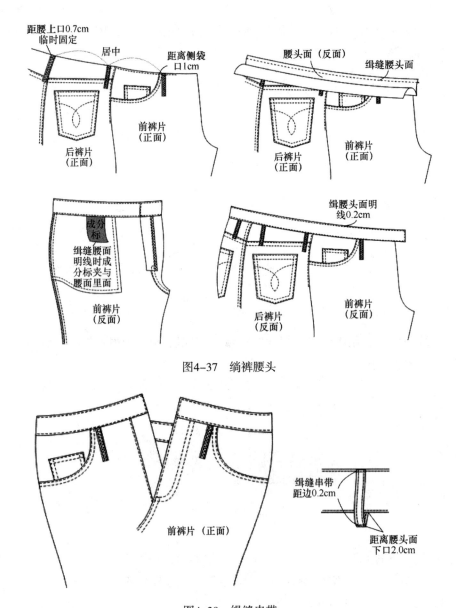

图4-37 绱裤腰头

图4-38 缉缝串带

（6）缉缝裤脚：距离裤脚2.5cm向反面折烫裤脚，然后再向内折0.8cm，使得折边净宽1.7cm，折烫宽度均匀。完成后距边0.2cm缉缝，缉线和止口必须均匀，头尾的缝线重合，如图4-39所示。

6. 皮襻缉缝、打枣、锁眼、钉铆钉及工字扣

（1）皮襻缉缝：在右后腰面处，右端距离中间的裤襻2cm，上口与腰面平齐，距边0.2cm缉缝皮襻上下口，两端回针固定。

（2）打枣：打枣多在受力大且频繁的部位进行，起到加固作用。常规打枣的部位包括裤襻两端、门襻裆点处、门襻与底襻内侧处（固定门底襻）、表袋口、后贴袋口、侧袋袋口距离腰面下口1cm处。注意打枣位置准确，与边平行不能歪斜。

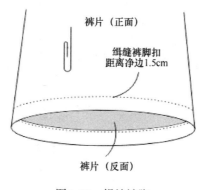

图4-39　缉缝裤脚

（3）锁眼：腰头面门襟处扣眼眼中距止口1.3cm上下居中，平行腰上口，用专用机打扣眼。

（4）钉工字扣：打完扣眼后，将裤子拉上拉链放平裤腰，按照扣眼位置在底襟腰头面上标记纽扣位置，完成后用专用机钉工字扣。

（5）钉铆钉：铆钉与打枣的功能相同，同时也起到一定的装饰效果,常见的部位有侧袋侧缝止口处、表袋，后贴袋口也会出现，根据工艺设计要求定，如图4-40所示。

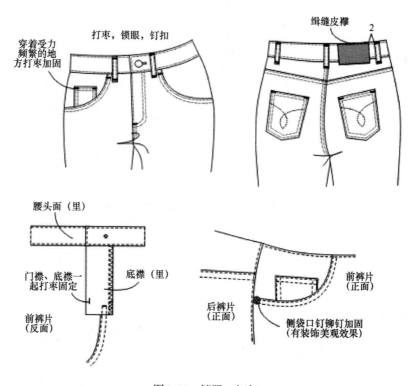

图4-40　锁眼、钉扣

（6）完成缝制后，将裤子上的线头剪净，即可进行后续洗水后整理工艺。

第四节　男西裤缝制工艺

一、男西裤款式图及特征说明（图4-41）

这是一款常规男西裤，舒适的放松量。款式为装腰头，侧缝斜插袋，前片单褶，后片左右各双省，一字双嵌线式后袋2只，6个串带，裤门襟装拉链。

图4-41　男西裤款式图

二、男西裤成品规格表、结构图、放缝图及排料图

1. 男西裤成品规格（表4-5）

表 4-5　成品规格　　　　　　　　　　　单位：cm

号型 ＼ 名称	裤长	上裆长	腰围	臀围	脚口宽
170/80A	104.5	26.3	82	106.8	22.7
175/84A	107	27	86	110	23
180/88A	109.5	27.7	90	113.2	23.3

2.男西裤结构图（图4-42）

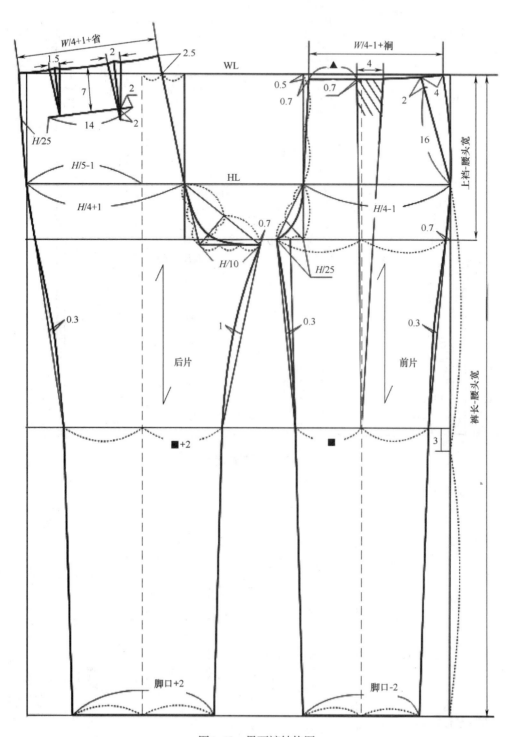

图4-42 男西裤结构图

3. 男西裤放缝图（图4-43）

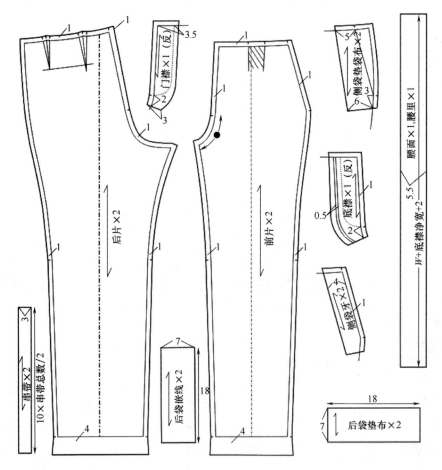

图4-43　男西裤放缝图

4. 男西裤辅料图（图4-44）

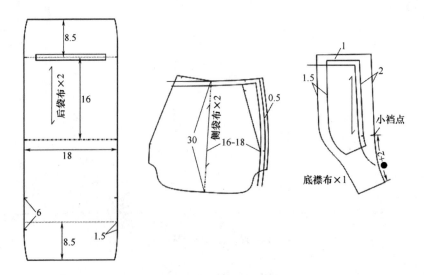

图4-44　男西裤辅料图

5. 男西裤净样板制图（图4-45）

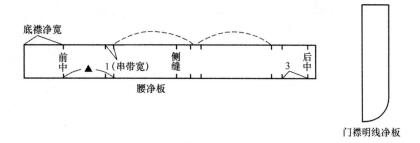

图4-45 净样板图

6. 男西裤排料图

（1）裤片排料图（图4-46）。

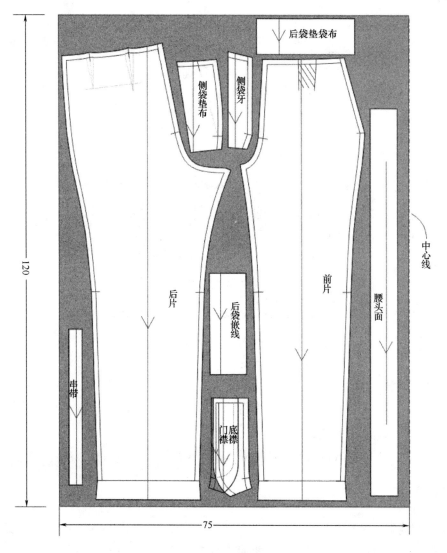

图4-46 裤片排料图

（2）辅料（袋布）排料图（图4-47）。

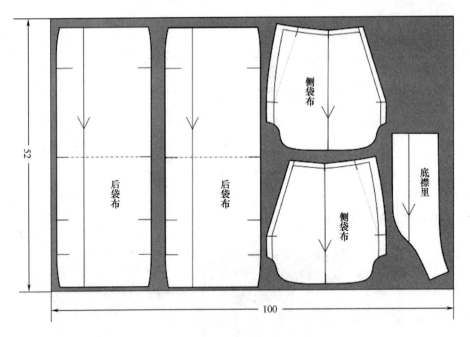

图4-47　辅料（袋布）排料图

（3）辅料（黏合衬）排料图（图4-48）。

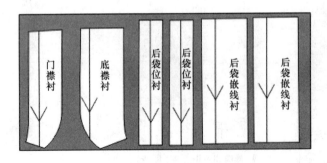

图4-48　辅料（黏合衬）排料图

7. 部件及辅料

（1）部件：前裤片、后裤片、腰头面、门襟、底襟、斜插袋垫布、斜插袋袋牙、后口袋垫布、后口袋嵌线、串带。

（2）辅料：口袋布52cm，无纺衬30cm，裤子拉链1条，纽扣1粒，裤钩，包条。

三、缝制工艺

男西裤的缝制，分别将前后裤片做好，缉合完侧缝、内裆缝、前裆缝后，接着绱门底襟、装拉链，最后做腰头、绱腰头、做裤脚，最终后整理，完成全部制作。

（一）缝制工序

（1）缝制前的准备。

（2）后裤片缝制。

（3）前裤片缝制。

（4）缝合下裆缝、裆缝。

（5）绱门襟、底襟，装拉链。

（6）钉裤襻、装腰头、钉裤钩。

（7）手缝及成品整熨。

（二）准备工作

（1）针号：11号。

（2）针距密度：14～16针/3cm。

（三）缝制工艺

1. 缝制前的准备

（1）粘衬：将腰头面、腰头里粘有纺衬；门襟、底襟、后袋嵌线粘无纺衬；前裤片侧袋口净缝外粘经边衬，粘在部件反面，如图4-49所示。

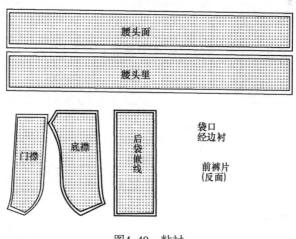

图4-49　粘衬

（2）包缝：包缝的部位有前后裤片（留出裤片腰上口不包缝，后裤片后裆缝处不包缝）、底襟内口。包缝时各部位不能拉拽，线迹要直顺，不能漏包。

（3）打线丁：在前后袋位、省位及缝制标记处打线丁。

2. 后裤片缝制

后裤片缝制的主要工序为做后袋，做后袋有很多种类型，如单嵌线、双嵌线、一字嵌

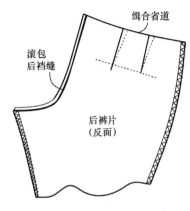

缉合省道

滚包
后裆缝

后裤片
（反面）

图4-50 滚包后裆缝、缉合后省

线装袋盖及钉扣等，但工艺要求基本相同，以下主要介绍双嵌线式口袋的做法。

（1）滚包后裆缝：用2cm宽、45°斜丝包裆条，包滚后裆，滚好后包条宽为0.5cm。

（2）缉合后省：按纸样位置标记，缉合后省，省尖处继续空缉3～4针，然后将线头打结。在后裤片反面将省缝烫倒，省缝倒向一侧。省尖胖势烫散，推向脚口方向。工艺要求：后省的长短、大小、位置应准确，省尖不应短于袋口。缉线要顺直，左右对称，如图4-50所示。

（3）确定袋位，粘袋口衬：在后裤片正面标记袋位，左右袋位相一致。在后裤片反面的袋口处粘无纺衬。其长度比袋口长1～2cm，宽度3cm左右。

（4）缉袋垫布：将袋垫布对准袋布相应剪口位置，然后用固边缝缉缝于后袋布上，缝线距边0.1cm，缝份1cm。

（5）固定后袋布：在后裤片的反面，将袋布紧贴裤片一端固定；固定的位置袋布设置的剪口与袋位吻合，袋布上口与裤后片腰上口平行且略高出腰上口0.5cm，袋布左右要宽于袋口大的两个端点2cm，并用手针固定。

（6）扣烫嵌线：上下嵌线为一块面料，在嵌线的反面粘上无纺衬，粘好衬后从一边开始扣烫，第一次扣烫距边1.5cm，第二次扣烫距第一次折2cm，把无纺衬布折在里面。注意两折线一定要平行，宽度准确，折线方向为经纱。

（7）缉袋嵌线：将嵌线的正面与后裤片的正面相对，嵌线的两次折烫线中心线要与袋位重合，左右余量相同。第一条折痕放在上方并沿边0.5cm缉第一条嵌线，然后折上第二次折线，距折线边0.5cm缉第二条嵌线，两缉线间距为1cm。缉线要平行，长短一致，上下松紧一致。

（8）剪袋口：开剪前检查背面袋布上的嵌线缉线是否平行，宽度是否符合标准，上下袋口点是否在一条直线上。确定无误后，由上下袋口线的中间与袋口大的中间开始，剪至距袋端点两端约0.8cm处，再将两头剪成丫字形。注意，剪到端点时，不能剪断缉线，要离开缉线1～2根丝缕。

（9）将嵌线布翻向裤片反面，并在烫凳上将剪开的缝份劈缝熨烫，并按上下嵌线宽各0.5cm扣好上下嵌线。

（10）封三角：将两片裤片上的袋布翻起封三角，缉来回针3～4道。封三角时，封线要顺直，四角保证方正，上口略紧0.1cm。

（11）固定下嵌线：将下嵌线下端扣1cm用固边缝缉缝于后袋布上。

（12）锁后袋扣眼：定位好后袋扣眼位置，将后片平铺于机台，折叠整齐上开线及腰口部分，放于压脚下面，压脚与扣眼位置对准，启动踏板自动落刀，打眼。

（13）固定上嵌线：将上嵌线布紧贴袋口线与后代垫布绲缝。

（14）封后袋布：将裤片从袋口翻出，整理平整后袋袋布，然后从袋布下端沿两边绲0.5cm缝份缝至袋布上端，绲时上袋布要略松于下袋布。

（15）兜绲袋布并固定袋布上口：从袋布上口开始兜绲三边，绲线宽0.5cm。绲时要注意里外匀，使袋布平吸；然后固定袋布上口，把裤片与袋布摆平，将袋布上口与腰口线绲0.3cm绲线固定，再将袋布修剪成与腰口平齐。绲时袋布不能紧于裤片。

（16）袋口两端打套结固定：在袋口两端各打1cm长套结固定，套结位置要准确，套结垂直不歪斜，如图4-51所示。

（17）后裤片做好后，裤片正面朝上，下垫布馒头盖水布喷水将其熨烫平整。工艺要求：袋口嵌线宽窄一致，四角方正，上下袋嵌线要并拢，不能豁开，袋口角无褶无毛露。后袋布止口不能反吐，要顺直平吸，袋布要平整。

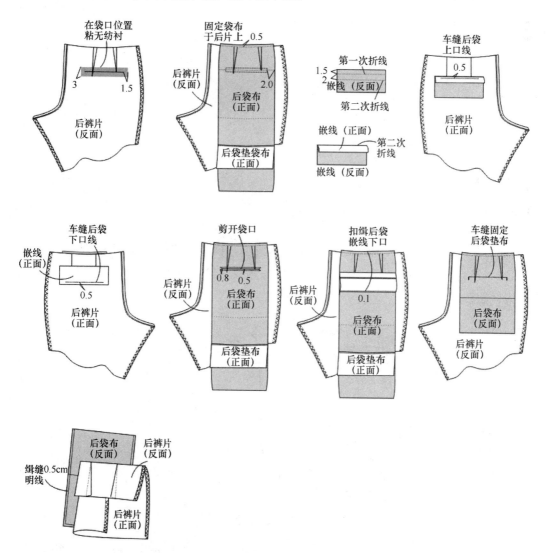

图4-51　做后袋

3.前裤片缝制

前裤片缝制的主要工序为斜插袋的制作。

（1）缲斜插袋垫袋布：用固边缝将垫布贴到袋布上，缲时左右袋应同时缲，先摆对称，以免缲成一顺。

（2）缲斜插袋袋牙：用固边缝将斜插袋袋牙贴到袋布袋口一端，缝合后袋牙毛缝与斜插袋口毛缝对齐。

（3）缲袋布：将袋布反面相对，由折叠处开始缲插袋下口缝份0.3cm，缝至距袋口2cm处不缲死。

（4）兜缝袋布：将缲好的袋布翻出来，由袋布下口开始缲0.5cm明线，缲至距袋口2cm处不缲死。

（5）固定插袋上下对位点：（手针或机缲）固定上下对位点时，要将袋布和垫袋布分开，袋布不缲死，如图4-52所示。

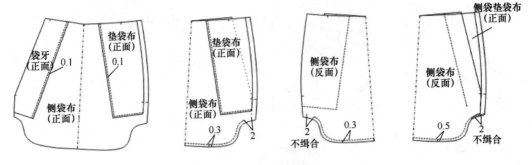

图4-52　做斜插袋

（6）粘衬：粘袋口径边衬以防斜丝被拉长变形，粘时要紧贴袋口线的外侧。

（7）缲合前褶：按照剪口正面对折前褶，从腰上口向下缲合3cm，向外45°斜拐固定前褶，如图4-53所示。

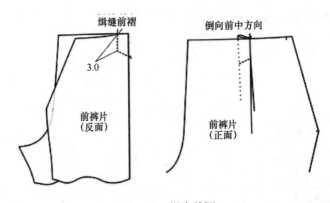

图4-53　缲合前褶

（8）装斜插袋：将前裤片侧袋袋牙一边与前片侧袋一边正面对齐缲合，缲合完成后翻转烫平插袋口，注意前裤片插袋口向内0.2cm，然后在正面距插袋净口缉0.5cm明线固定。

（9）插袋口封结：将做好的插袋放平整，注意腰上口及侧缝处插袋对位剪口对位准确，袋口上端沿腰上口毛缝平行向下量取3cm定套结位，沿插袋口边平行腰上口打套结，插袋口下端，在净袋口处垂直插袋口打套结，将袋口固定。

（10）侧缝缝合：将前裤片插袋袋布掀开不同缉，只缉垫袋布，由腰口开始，前裤片在上，缉到脚口。

（11）封袋口：首先将缉好的侧缝熨烫分缝，并将袋布侧缝扣烫0.5cm后铺好袋布，将扣烫好与袋布侧缝按0.2cm明线缉缝或手缝到裤后片缝份上，如图4-54所示。

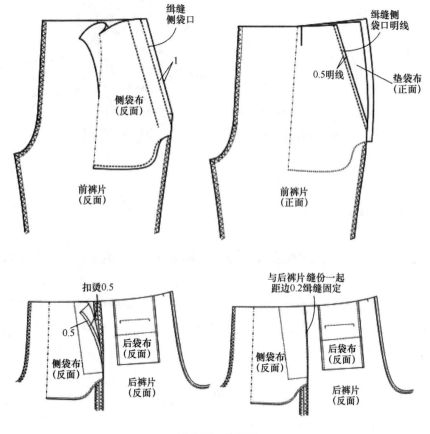

图4-54　缉侧袋

（12）插袋做好后，正面朝上，下垫布馒头，盖上水布喷水烫平整。工艺要求：左右袋口大小和封口高低一致，袋口缉线宽窄一致，袋口侧缝平吸，袋布平整，不露毛茬。

4. 缝合下裆缝、裆缝

（1）勾缉下裆缝：将裤片摆正，面面相对，脚口对齐，中裆线钉对准合缉下裆缝。缉好后，在中裆线以上部分再缉一道重叠线进行加固。

（2）分烫下裆缝：将缉好的下裆缝摆平，喷水劈缝烫平，烫实。烫时要顺势将中裆处拔长，中裆后烫迹线处归平，后臀部推出。然后将裤筒翻转，垫水布喷水，将前后烫迹线熨烫再次定型。工艺要求：下裆缉线不可走样，缉线应顺直，中裆线以下与裤筒缉线不能吃不能抻，分烫下裆缝时要烫平、烫实。

（3）缉合裆缝：将裤片对齐下裆缝，缝头1cm。从小裆点剪口处向下0.5cm起针打来回针固缝，按净线向后裆缝，十字缝应对齐。缝合至后裤片腰上口处止，完成后重合一道双线加固后缝并烫实，如图4-55所示。

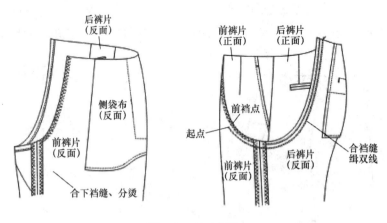

图4-55　缝合裆缝

5. 缉门襟、底襟，装拉链

（1）做底襟。

① 勾底襟：底襟里需宽出底襟面1.5cm，将粘好无纺衬并包缝内口的底襟面和底襟里面面相对，在底襟外口缉一道0.8cm缉线。

② 扣烫：将底襟翻转、烫平，使面比里容出0.1cm，扣烫底襟夹里，底襟夹里未缉一端扣净时，应虚出面0.2cm。扣净底襟里布下端，宽度过渡到2cm，如图4-56所示。

（2）缉门襟。

① 滚包门襟外口：将粘好衬的门襟外口用2cm宽、45°斜丝包条包滚，滚好后包条宽为0.5cm。

② 固定拉链：将门襟面与拉链面面相对，拉链边距门襟前口0.5cm后摆正，将拉链的一边缉合固定在门襟上，并缉双线。

③ 缉门襟：将缉好拉链的门襟与前裤片左片面面相对，由腰口处开始缉缝，缝份0.5cm，缉至小裆点剪口处，如图4-57所示。

④ 扣烫：将缉合的门襟翻转向裤片的背面，扣烫平整，扣烫时，让面虚出0.1cm。

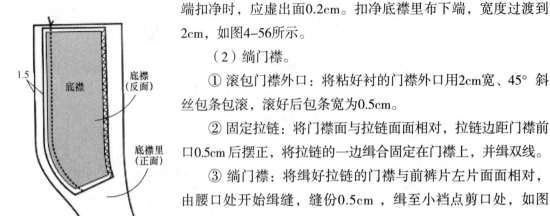

图4-56　做底襟

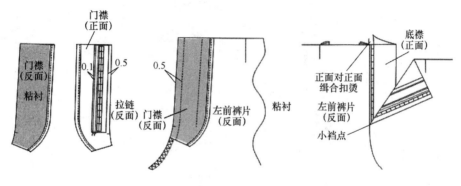

图4-57 绱门襟

（3）绱底襟。

① 绱底襟：将右前裤片与底襟面，面面相对，夹住拉链未绱的另一边，按1cm 缝份绱合。绱至小档点剪口处，绱时要靠近拉链牙。

② 修剪底襟：将底襟长出腰上口毛缝部分修掉。

（4）绱合门襟、底襟明线。

① 绱门襟明线：将底襟折向右裤片一侧，门襟与前片头整理平服，平放于压脚下，门襟明线样板与门襟止口齐，由腰口起缝，上下回针，按样板宽度平缝至圆弧处，样板与裤片同步转动，缝至拉链终止扣小档点处，回针固定。

② 封小档口：将门襟、底襟放平，拉链拉合，绱来回针4~5道封小档口。

③ 固定底襟里布：正面放平底襟面里，在底襟拉链处紧贴前中，从底襟上口至小档点绱合0.1明线，底襟与底襟里料一起绱合，固定底襟里料，如图4-58所示。

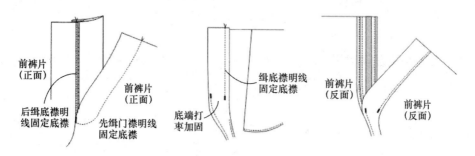

图4-58 绱合门襟、底襟明线

④ 底襟里料下端，两边压0.3cm明线固定，底端至下档缝缝份处折净。

⑤ 门襟档点打套节固定，裤子反面将门襟及底襟打套节固定，如图4-59所示。

6.钉串带、装腰头、钉裤钩

（1）做腰头（图4-60）。

① 做腰头前先将商标居中绱缝在腰里正面左前片处，距边0.1cm明线车缝一周。

② 将粘好有纺衬的腰头里和腰头面正面相对绱线0.8cm。

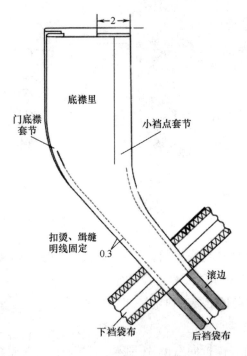

图4-59　门襟裆点打套节

③ 将缉好的腰头面翻到正面扣烫，扣烫时面比里匀出0.1cm。然后将腰头里扣净，扣净后的腰头里边应与腰头面边对齐。

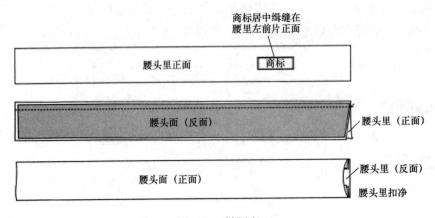

图4-60　做腰头

（2）做串带（图4-61）。

① 将剪好的宽度为3cm 的串带正面相对对折，缉0.5cm 缝份，缉好的串带劈缝熨烫。

② 将烫好的串带翻转到正面，并缉0.1cm 明线，缝份放在中间，串带宽窄应一致（也可用串带专用机缝制，完成后将整条做好的串带剪成10cm长，共6根备用）。

③ 串带定位：在裤片腰口部位定好串带的位置，前串带对准前裤片靠近前中心线的裤褶，后串带由裤后中线向侧缝部位量取3cm。中间的串带在前后两串带之间（左右片相同）。

④ 钉串带：将串带按定好的位置缉缝，串带一端同腰口线对齐，由腰口线向下0.7cm
与裤片临时缉合，如图4-62所示。

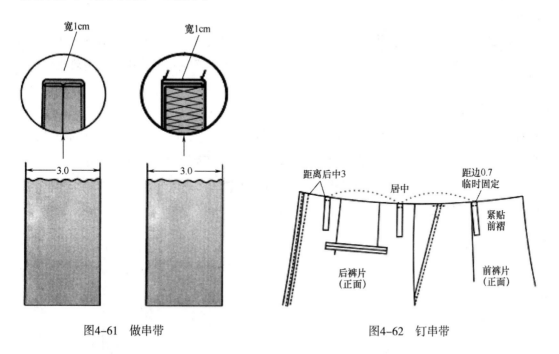

图4-61 做串带　　　　　　　　　　　图4-62 钉串带

（3）绱腰头面、缉串带、钉裤钩。

① 将腰头面与裤片面面相对，腰口对齐，缝份1cm缉缝。完成后将腰头面、腰头里正
面对齐，在其门襟及底襟止口处缉缝腰面两端，如图4-63所示。

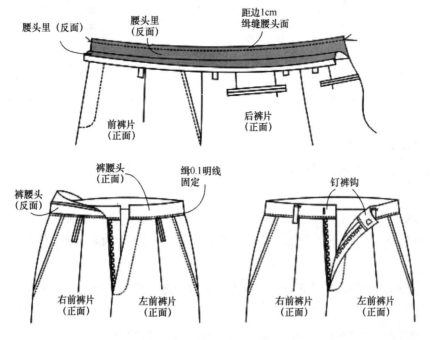

图4-63 绱腰面、缉串带

② 钉裤钩：门襟处，将四合扣内侧与拉链对齐，钉在腰头居中位置，翻出左边腰头放上垫衬钉牢。底襟处，将四合扣内口与拉链对齐，钉在里襟腰头面居中，翻出右边腰头垫衬钉牢，如图4-64所示。

③ 缉缝腰下口明线：将腰头翻正，整理平整，腰头里、腰头面下口对齐，在腰头面上距离腰下口0.1cm缉明线，腰头两端回针固定。注意缉缝时左前片腰里处夹放成分标一起缉缝。

④ 钉串带：距离腰下口0.7～1.0cm折缉串带，距边0.1cm缉合4～5道线固定，注意缉合时里面的袋布放平整。腰头面平放于机台，放平腰头里，串带向上折留0.2cm松量，与腰上口平齐封0.1cm明线，缉缝3～4道固定，将多余的串带预留0.5cm沿根剪掉。工艺要求：串带长短宽窄应一致，腰围规格准确，左右前腰大小相同，宽窄一致，腰头无链形，腰头里不反吐（图4-65）。

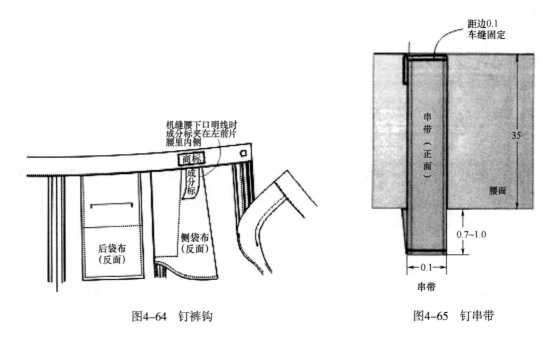

图4-64　钉裤钩　　　　　　　　　　图4-65　钉串带

7. 手缝及成品整烫

（1）缝脚口：将脚口重新扣烫，可先用线固定好，然后缝三角针，将脚口贴边与裤片固定。

（2）成品整熨：整熨前要把裤子上的线头剪净。熨烫的顺序通常是先烫反面，后烫正面，先烫缝，后烫面，先烫小部位，后烫大面积，如图4-66所示，具体步骤与方法如下：

① 在裤子反面将横裆以下与四个缝重新熨烫定型。烫下裆缝时，要将裤缝拉紧，以防下裆吊紧。

② 合烫横裆与后裆缝，将裤套在凳上，将后裆缝重新熨烫定型。

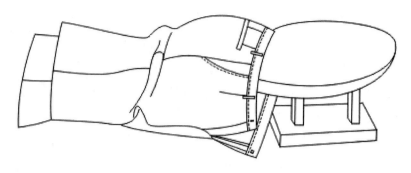

图4-66 整熨腰头

③ 在裤子的反面，将门襟、底襟袋布熨烫平吸，将后省压平实。

④ 将裤子翻到正面，借助烫凳、馒头等辅助工具，将裤前片、褶身部位、侧袋、后袋、后省、腰头等盖上水布、喷水熨烫平服。

⑤ 将裤子摆平，挺缝靠近身边，左右两裤筒对叠，侧缝与下裆缝重合对准，将上层裤筒掀起叠好，由下层裤筒内侧开始，盖上水布、喷水熨烫。前挺缝上端与裤褶之间连接横裆要烫平吸进，不能翘起，后臀部要推立，横裆烫平吸进，裤口部压实。另一裤筒同样方法熨烫，如图4-67所示。工艺要求：定型部位准确，左右对称不走样，不走形。前后烫迹线要烫实。面料上不能有水迹，不能烫黄，烫焦或出现极光，不能有污渍。

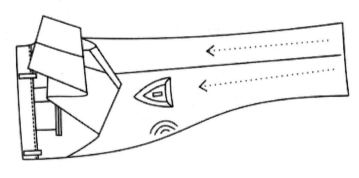

图4-67 整熨

本章小结

本章讲述了两款半截裙和两款长裤的制作工艺，都是常见款式，采用常用的制作工艺，掌握也较容易；并配以结构图、裁剪图、排料图、辅料排料图。能很好地帮助初学者完成整件服装的制作。

学习重点

西装裙、西裤、牛仔裤的制作均具有较典型的特点。掌握这四款服装的制作对整个下装制作工艺的融会贯通有极大的帮助。

思考题

1. 西装裙后开衩的倒向是什么？在哪一裁片上打剪口？

2. 女式牛仔裤后裤片腰部育克的上下方向如何区分？

3. 男西裤的制作工序是什么？

实操篇

第五章
上装缝制工艺

课题名称： 上装缝制工艺

课题内容： 女衬衫缝制工艺
男衬衫缝制工艺
男夹克缝制工艺
女西服缝制工艺
连衣裙缝制工艺

课题时间： 144课时

训练目的： 学习掌握常见上装的制作工艺。

教学方式： 示范操作。

教学要求： 要求学生多动手多练习。

作业布置： 根据课程进行实操练习，按质量要求完成每件单品的缝制。

第一节　女衬衫缝制工艺

一、女衬衫款式图及特征描述（图5-1）

款式特征：小尖方领，5粒扣，前衣片收腋下省，前、后片腰节处左右各收1个腰节省，长袖，装袖克夫，袖口抽细褶，开袖衩，袖口钉扣1粒。

图5-1　女衬衫款式图

二、女衬衫成品规格、结构图、放缝图及裁剪图

1.女衬衫成品规格（表5-1）

表 5-1　成品规格　　　　　　　　　　单位：cm

名称 号型	衣长	胸围	肩宽	领围	后腰长	长袖长	短袖长	袖克夫
155/76A	56	86	37	35.4	37	50.5	17	21
160/80A	58	90	38	36.2	38	52	18	22
165/84A	60	94	39	37	39	53.5	19	23

2.女衬衫结构图（图5-2）

3.女衬衫放缝图（图5-3）

4.女衬衫部件

1片后衣片，前衣片、袖片、袖克夫、袖开衩、领子各2片，无纺衬，5粒扣。

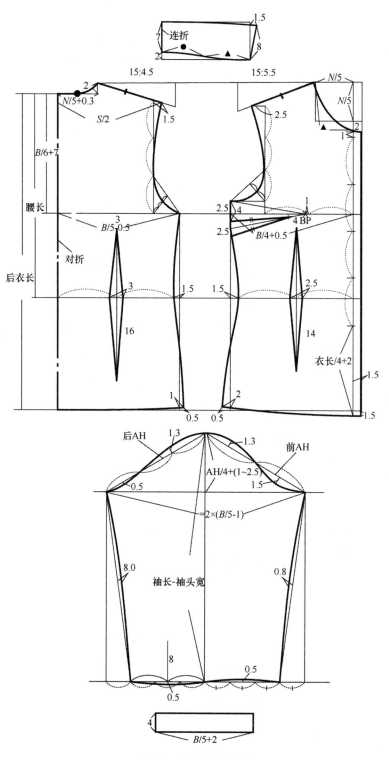

图5-2 女衬衫结构图

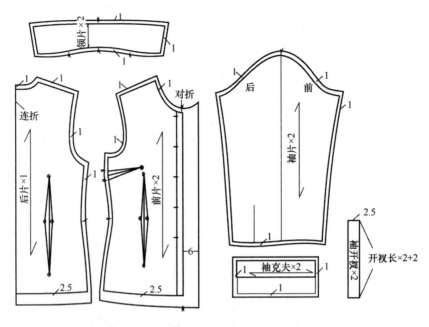

图5-3　女衬衫放缝图

三、女衬衫缝制工艺

（一）工艺流程步骤

准备工作→收省→缝合肩缝→做领→装领→做袖衩→装袖→合侧缝、袖底缝→做袖克夫→装袖克夫→卷底边→锁眼、钉扣→整烫。

（二）准备工作

1. 制作净样板

用硬卡纸制作领子、袖克夫的净样板，在扣烫衣片时用，如图5-4所示。

图5-4　领子、袖克夫净样

2. 粘衬

在领子面、门襟及贴边、袖克夫上粘无纺衬，如图5-5所示。

3. 扣烫

扣烫门襟贴边、袖克夫、袖衩，如图5-6所示。

（三）缝制工艺

1. 收省

按省位标记车缝省道，要求缝线顺直，省尖缉缝成尖锥形，如图5-7所示。

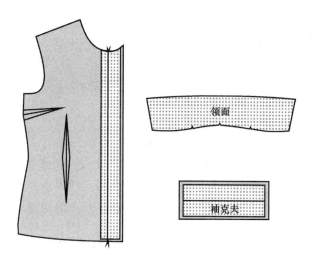

图5-5　粘衬

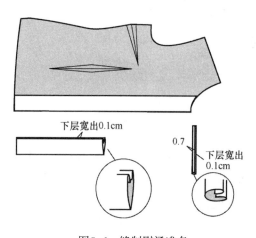

图5-6　缝制熨烫准备

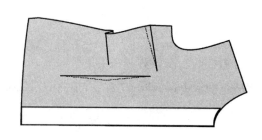

图5-7　收省

2. 缝合肩缝

将前后片面面相对，前片肩缝在上，按1cm的缝份进行缝合，要求后肩中部略有吃势，起止打来回针固定。合缝后将肩缝锁边，锁边时前片在上。最后熨烫，将肩缝倒向后片烫倒，如图5-8所示。

3. 做领

将领子面面相对叠合，领净样板放在领里反面，沿领里反面画净样线。然后，将领子上下层边沿对齐，沿净样画线缝合，缝合时，领里的领角两侧需稍稍带紧，领面略松，以保证领面有松量，如图5-9所示。

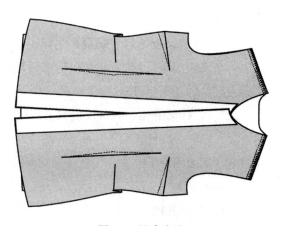

图5-8　缝合肩缝

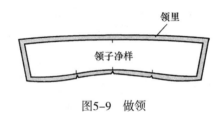

图5-9 做领

4. 翻烫领

将缝合好的领子缝份修剪成0.3cm，沿绲线将缝份朝领面烫倒，并叠过0.1 cm（叠过0.1 cm的目的是为了领子翻过正面后，领里坐进0.1 cm，领里不外露），领角要烫叠好，不超过领角位置，并用手掐住叠好的缝份翻出，最后，在正面熨烫平整，如图5-10所示。

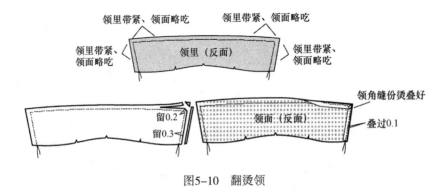

图5-10 翻烫领

做好的领需核对两领角是否对称，大小是否一致，领长度是否与净样一致等。核对无误后，在领下口做好肩缝及后中缝的对位标记，如图5-11所示。

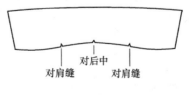

图5-11 打剪口

5. 装领

（1）将挂面按止口刀眼翻转，领子夹在中间，并对准搭门刀眼口装领，绲缝1cm的缝份。在装领刀眼后2.5cm处，将挂面与领面打刀眼，并翻开不绲，顺势将领里与领圈绲缝，注意对肩刀眼与肩缝对正，对中刀眼与后中对正，如图5-12所示。

（2）将挂面翻转，大身反面朝上，把领面毛边塞入领子内，折转缝份为0.8cm，盖住装领线，从剪刀口处挂面下1cm处打来回针起针，沿领面绲0.1cm的明线，绲压时下层领里稍带紧，领面用锥子推送。注意各处的对位刀眼要对正，如图5-13所示。

6. 做袖开衩

（1）剪袖开衩：按袖开衩位置将衩剪至离开口0.1cm处。

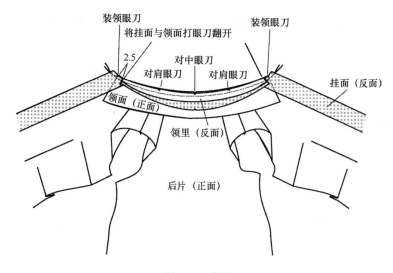

图5-12　装领

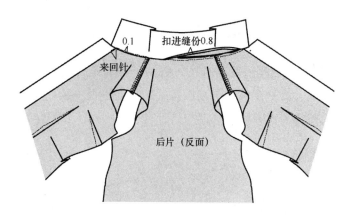

图5-13　绱领里

（2）装袖开衩滚条：将熨烫好的袖开衩滚条宽的一侧放在下层，窄的一侧放在上层，袖片正面在上，袖开衩开口夹进滚条，袖开衩毛边夹进0.5cm，沿滚条边压缉0.1cm。注意下层滚条边拉紧，上层滚条边推送，保证上下平服，如图5-14所示。

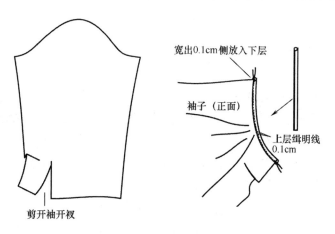

图5-14　做袖开衩

（3）固定滚边尖角：在袖开衩的反面，将滚条边对折，沿滚条顶端斜向缉线，来回针固定，如图5-15所示。

7. 装袖

（1）袖山抽褶：放长针距，从袖底缝上6～7cm处开始，沿袖山边缘0.6cm缉缝，缉完后，将袖缝线均匀抽紧，使袖山呈现均匀的吃势，如图5-16所示。

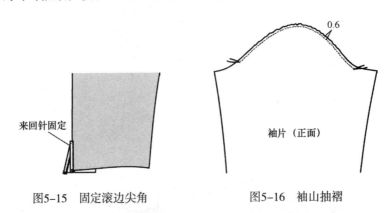

图5-15　固定滚边尖角　　　图5-16　袖山抽褶

（2）核对袖山弧线与袖窿弧线的长度：将袖子与衣身面与面叠合，以肩缝与袖山刀眼对准为定点，核对前、后袖窿弧线与袖山弧线的长度是否一致。注意前袖窿与前袖山对合，后袖窿与后袖山对合，袖开衩应落在与后片对合的一侧，如图5-17所示。

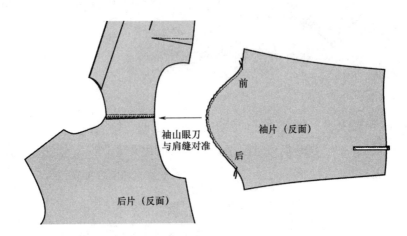

图5-17　核对袖山弧线与袖窿弧线的长度

（3）装袖：袖片在上，大身在下，沿袖窿线0.9cm缉合袖窿与袖山，肩缝与袖山顶点要对准；袖山装袖均匀，无折皱；大身缉线顺直，无拉伸变形现象。

（4）三线锁边：锁边时，衣身在上进行三线包缝锁边，缝份倒向袖子。

8. 缝合侧缝、袖底缝

将前后片面与面叠合，侧缝缝份对齐，从底边开始，前片在上，后片在下，沿毛边0.9cm开始缉缝，袖底十字对准，不用剪断线，转弯直接缉至袖口。然后，三线包缝，包缝时前片在上，最后将缝份倒向后身熨烫，袖子缝份倒向后袖，如图5-18所示。

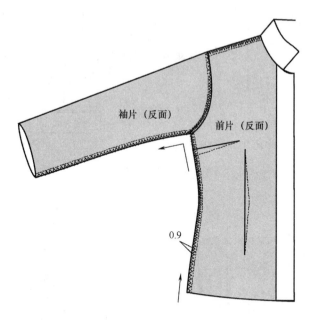

图5-18　缝合侧缝、袖底缝

9. 做袖克夫

（1）缝合袖克夫两端：将熨烫好的袖克夫翻到反面按烫迹线对折，按缝份1cm车缝两端，注意保持袖克夫里比袖克夫面宽出0.1cm。

（2）翻烫袖克夫：将袖克夫翻到正面，用锥子整理方角，使方角方正，然后再熨烫平整，如图5-19所示。

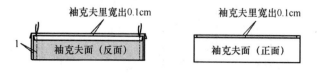

图5-19　做袖克夫

10. 装袖克夫

（1）袖口抽细褶：放长针距，沿袖口边缘0.6cm缉缝，缉完后，将缝线均匀抽紧，门襟处的袖衩折转固定，抽线完成后，使袖口长度与袖克夫长度一致，如图5-20所示。

（2）装袖克夫：为保证装袖克夫时，袖衩门、里襟长度一致，先将袖开衩门、里襟对齐摆正，在门里襟装袖克夫处用划粉作记号。然后，将袖口夹进袖克夫内，两端沿记号在袖克夫面上缉压0.1cm的明线，起止打来回针固定，如图5-21所示。

11. 卷底边

核对前身门、里襟的长度是否一致，在底边反面按卷边宽2.5cm画线作记号，然后按挂面烫迹线对折，沿画线车缝固定挂面。

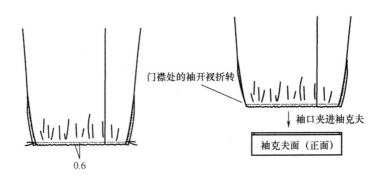

图5-20 袖口抽细褶

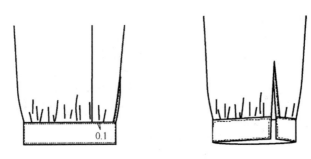

图5-21 装袖克夫

翻转挂面，整理好底边方角，要求方角方正。然后，从挂面底边起，起针打来回针，距底边0.1cm缉缝，在挂面宽度处转向上，再按卷边要求，内卷0.5cm，再外卷2cm车缉底边，如图5-22所示。

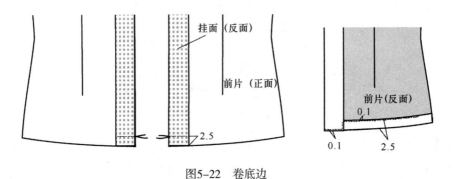

图5-22 卷底边

12. 锁眼、钉扣

衣片右身门襟锁横眼5个，左身钉扣5粒。袖克夫门襟锁眼1个，里襟钉扣1粒。锁眼、钉扣各7个，如图5-23所示。

13. 整烫

衬衣缝制完毕后，先将整件衣服的线头清剪干净，然后用蒸汽熨斗进行熨烫。

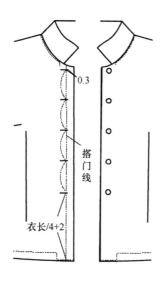

图5-23　锁眼、钉扣

第二节　男衬衫缝制工艺

一、男衬衫款式图及特征 描述（图5-24）

　　款式特征：尖角领，翻门襟，6粒扣，左胸做贴袋1个，后过肩，直侧缝，圆下摆，装袖，袖口开衩收两个裥，圆角袖克夫。

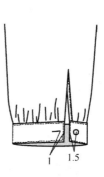

图5-24　男衬衫款式图

二、男衬衫成品规格、结 构图、放缝图

　　1.男衬衫成品规格（表5-2）

表5-2　男衬衫成品规格　　　　　　　　单位：cm

号型 \ 名称	后衣长	胸围	肩宽	领围	袖长	袖口
165/84A	72	104	46	39	58	24
170/88A	74	108	47.2	40	59.5	25
175/92A	76	114	48.4	41	61	26

2.男衬衫结构图（图5-25）

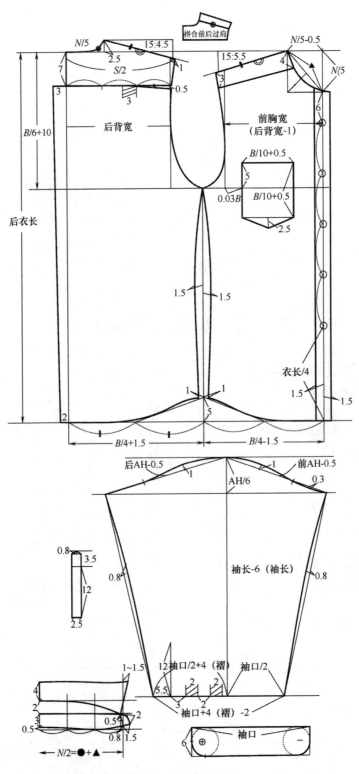

图5-25 男衬衫结构图

3. 男衬衫放缝图（图5-26）

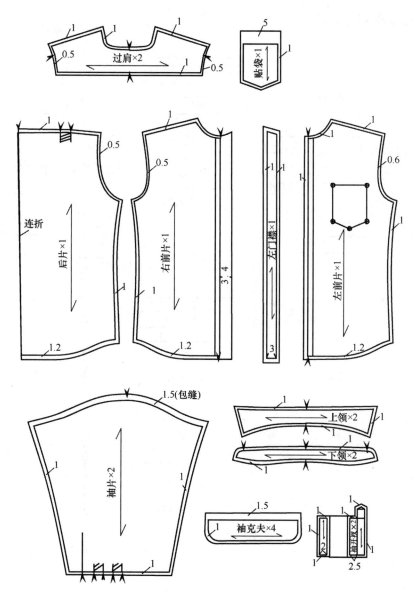

图5-26　男衬衫放缝图

4. 男衬衫部件

后衣片、胸袋、翻门襟各1片；前衣片、过肩、袖片、大袖衩、小袖衩、上领、下领各两片；袖克夫4片。

5. 男衬衫辅料

有纺衬、纽扣、商标、尺码带、成分带、配色线等。

三、男衬衫缝制工艺

（一）工艺流程图（图5-27）

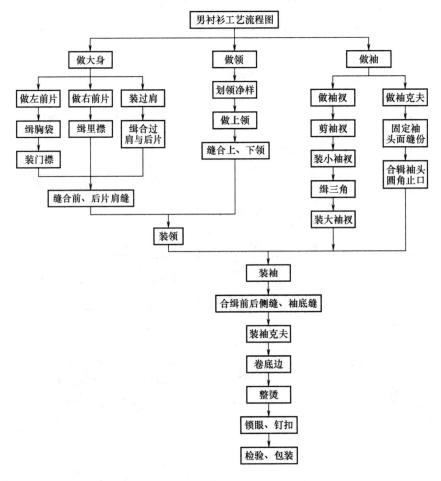

图5-27 工艺流程图

（二）缝制准备

1. 制作净样硬纸板

制作贴袋、门襟、上领、下领、大袖衩、小袖衩、袖克夫等部件的净样硬纸板，如图5-28所示。

2. 粘衬

将上领面、下领面、门襟、袖克夫、大袖衩按图5-29所示粘贴有纺衬。

3. 扣烫

用净样硬纸板扣烫贴袋、门襟、大小袖衩。并将下领口缝份、袖克夫缝份及右前身里襟扣烫，如图5-30所示。

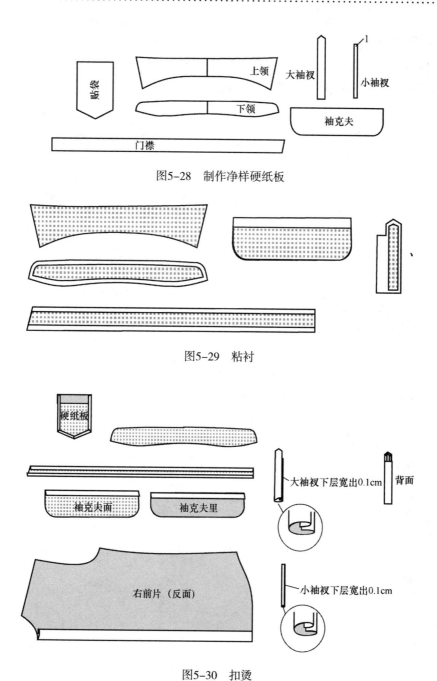

图5-28 制作净样硬纸板

图5-29 粘衬

图5-30 扣烫

（三）缝制工艺

1. 做大身

（1）钉胸袋：按前片定位记号，将扣烫好的胸袋对正记号位置，从左起针，大身稍拉紧，沿止口压缉0.1cm。袋口缝线为"U"形，左右封口对称、大小一致，如图5-31所示。

（2）装门襟：将门襟正面与左前片反面对叠，沿门襟离缝份粘衬0.1 cm合缉，下层稍带紧，保持上下层长度一致。然后，将门襟翻转到前片正面，将止口自然烫进0.1 cm，再沿门襟两边各缉压0.3 cm明线，如图5-32所示。

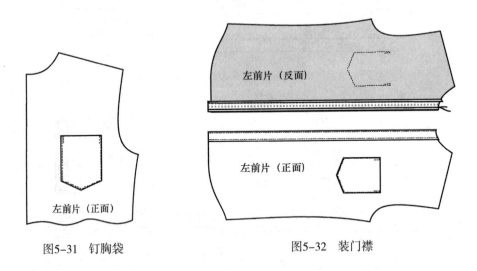

图5-31 钉胸袋　　　　　　　　　图5-32 装门襟

（3）缉里襟：将右前片里襟沿扣烫折边0.1 cm处压缉明线。

（4）装过肩：固定后片肩褶。然后，将过肩正面相对，中间夹缉后片，注意三层中点刀眼对准，压缉1 cm缝份，下层稍带紧。再将过肩翻正、烫平，确保过肩上下层宽窄、位置重合，不发生歪曲，如图5-33所示。

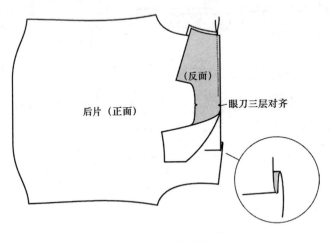

图5-33 装过肩

（5）缝合肩缝：先将过肩面缝份扣烫0.7 cm，再将过肩里与前肩缝平缉1 cm缝份，然后将过肩面盖下，压住前肩缉线，正面缉压0.1 cm缝份，反面要求漏落，如图5-34所示。

2. 做领

（1）做上领：领面正面叠合，按距领净样划线0.1 cm缉线，缉线时领尖处两侧的领里

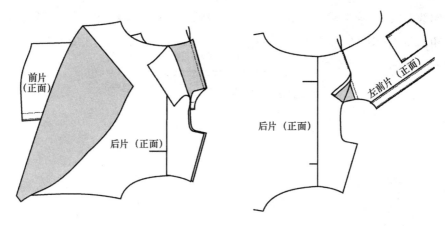

图5-34　缝合肩缝

稍带紧，领角左右吃势对称，如图5-35所示。

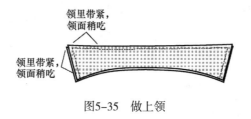

图5-35　做上领

（2）修剪缝份、烫上领：核对领角是否左右对称，核对无误后将缝份修剪成0.3 cm，领面朝上将缝份烫过0.1 cm（烫过正面0.1 cm，即能使领里退进0.1 cm，保证正面领里不反吐）；然后，将领角叠齐，用食指掐住翻到正面；熨烫上领，使领里正面退进0.1 cm；最后，缉压上领明线0.6 cm。核对左右是否对称，最后按净样板留出缝份修剪，对中打刀眼，如图5-36所示。

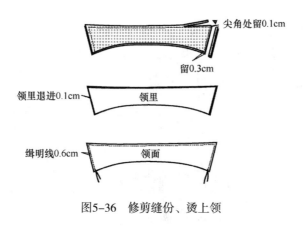

图5-36　修剪缝份、烫上领

（3）缝合上、下领：先将下领面按粘衬净样线扣光，包实缝份沿边压0.6 cm缉住缝份，如图5-37所示。再将下领面与领里正面叠合，中间夹进上领，三层中间刀眼对正，缝份对齐从中间缉至两边，两端上领与下领的对位标记对正。沿下领面粘衬线0.1 cm合缉，离缉线0.3 cm修剪掉多余缝份，如图5-38所示。将下领翻到正面，扣烫好下领圆角，离上领角2 cm处开始起针，缉压0.1 cm明线，如图5-39所示。

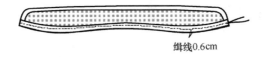

缉线0.6cm

图5-37　做下领

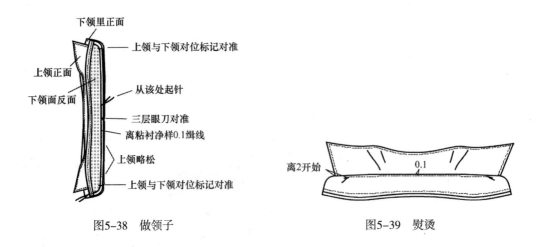

图5-38　做领子

图5-39　熨烫

3. 装领

将大身、领子正面向上，从门襟开始起针，领里与领口对齐缝份以0.7 cm的缝份缉合，注意后领片中刀眼必须与衣片领中刀眼对正，如图5-40所示。然后，将缝份塞进下领内，压缉0.1 cm的明线，如图5-41所示。

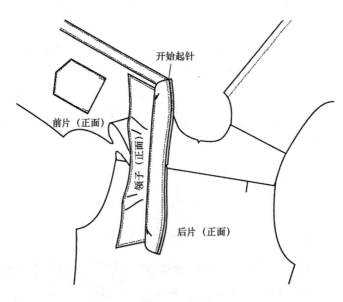

图5-40　装领

4. 做袖

（1）剪开袖衩：将袖子两片面对面吻合对叠，在反面根据图5-42所示尺寸剪开袖衩位置。袖开衩顶点呈倒三角形。

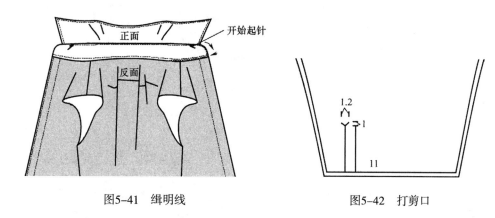

图5-41 缉明线　　　　　　　　　　图5-42 打剪口

（2）装里襟条：袖片正面朝上，将扣烫好的里襟条放入剪开袖片的小片一侧，里襟条的面在上、底在下，中间夹住袖衩毛边0.8 cm，沿里襟扣烫边压缉0.1 cm明线。

（3）缉三角：在正面固定里襟与三角，如图5-43所示。

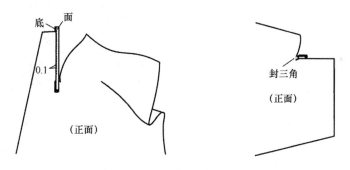

图5-43 缉里襟与三角

（4）装门襟条：袖片正面朝上，将扣烫好的门襟条放入袖片大片一侧，与里襟相同，门襟条的面在上、底在下，中间夹住袖衩毛边0.8 cm，袖衩顶端宝剑头翻出、摆正，沿门襟扣烫边缉0.1 cm明线。

（5）缉袖口折裥：按刀眼标记固定袖口折裥，折裥倒向门襟开衩方向，如图5-44所示。

5. 装袖

（1）把袖山缝份朝正面扣倒0.5 cm，并缉0.1 cm的明线固定，如图5-45所示。

（2）分清左右袖，左袖装左身袖窿，右袖装右身袖窿。然后，将袖子与衣身面面相对，沿衣身缉0.5 cm的缝份装袖，同时，注意袖子缝份宽度为1 cm，装至袖窿中点时，袖窿刀眼必须与袖山刀眼对正，如图5-46所示。

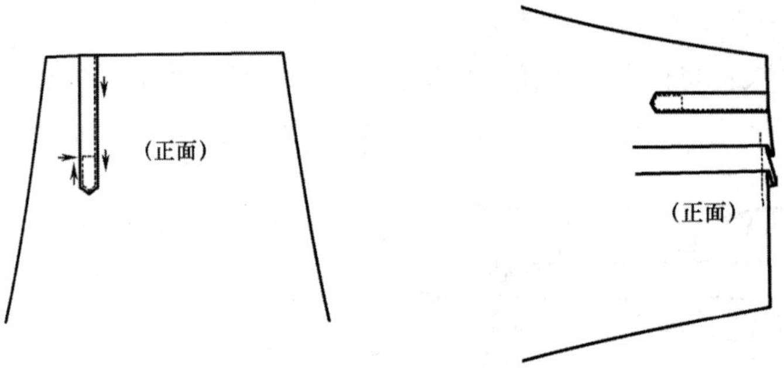

图5-44　装门襟条和缉袖口折裥

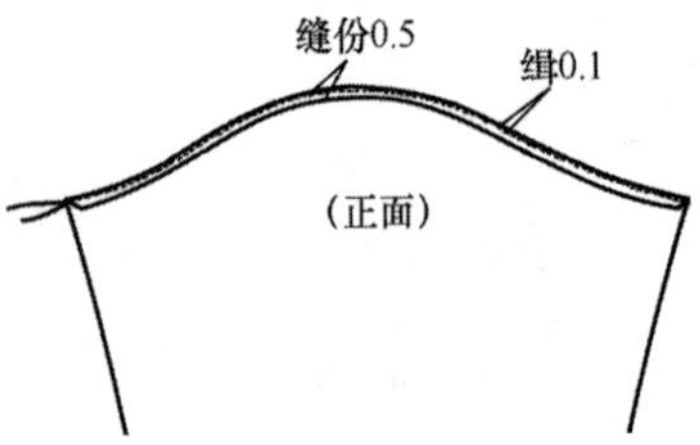

图5-45　抽袖山弧线

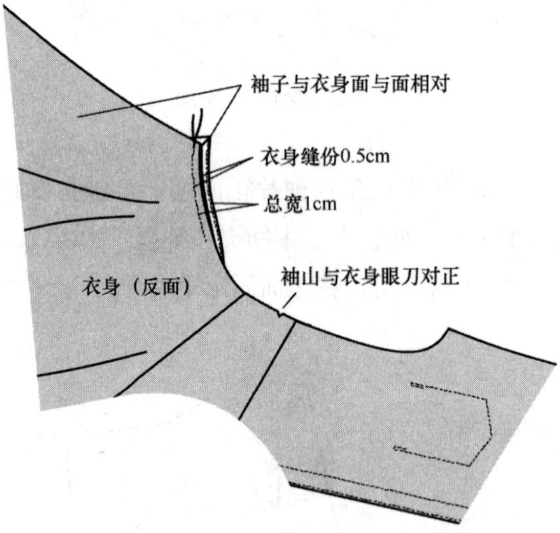

图5-46　绱袖

（3）翻转到正面，压袖窿明线1 cm，如图5-47所示。

6. 缝合侧缝、袖底缝

先将后片朝正面折倒0.5 cm，压缉0.1 cm的明线，再将前后片面对面叠合，沿前片0.5 cm的缝份处缉缝线，注意后片缝份宽为1 cm，从衣身底摆经袖底十字，缉至袖口。袖底十字要对正，如图5-48所示。

7. 做袖克夫

将袖克夫缝份扣净，沿边缉1 cm固定缝份，用硬纸板画好净样线。再将袖克夫面与袖克夫里面对面叠合，距画样线离0.1 cm缉线，注意圆角处将袖克夫里略带紧，袖克夫面略推送。缉完后，将缝份修剪为0.3 cm，将缝份向正面坐倒退进0.1 cm扣烫，最后，翻到正面，将袖克夫里自然坐进0.1 cm烫平整，如图5-49所示。

8. 装袖克夫

核对袖衩门襟与里襟的长度，做好装袖克夫记号。将袖子缝份夹进袖克夫中间，沿袖克夫缉压0.1 cm的明线，再缉压袖口0.6 cm的明线，如图5-50所示。

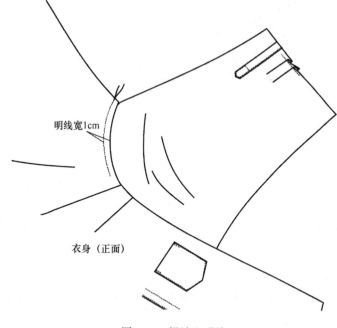

图5-47　缉袖山明线

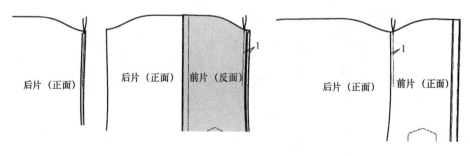

图5-48　缝合侧缝、袖底缝

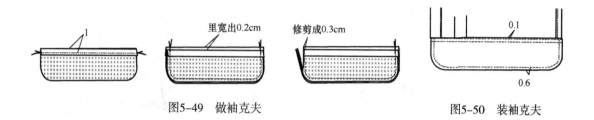

图5-49　做袖克夫　　　　　　　　　　图5-50　装袖克夫

9. 卷底边

先将门里襟对合，核对长短。然后将底边内卷0.6 cm，再卷0.6 cm，在反面压缉0.1 cm的止口。注意弧角处用锥子推送缝份，使缝份略缩，才能保证底边外观不起链。要求卷边缝份宽窄一致，压线顺直，如图5-51所示。

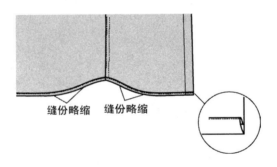

图5-51 卷底边

10.清剪线头、整烫

将线头清剪干净。然后，进行整烫，整烫时，先烫大身，再烫袖克夫、袖身，最后烫领。

11.锁眼、钉扣

最上的第一粒领口扣眼必须横锁，其余的5粒竖锁。第二粒定位从装领线量下6cm，以下的按纸样定位均分，如图5-52所示。

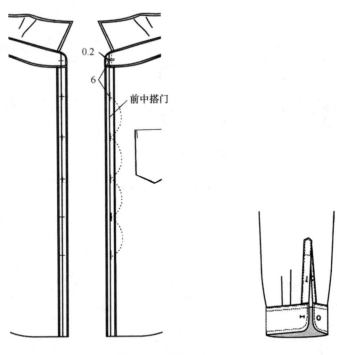

图5-52 锁眼、钉扣

第三节　男夹克缝制工艺

一、男夹克款式图及特征描述（图5-53）

特征描述：翻领，前中装拉链，前片左右做插袋各1只，背部上端设横向分割缝，下摆设克夫、装腰襻。两片袖，装袖克夫，袖口开衩收一个裥，钉扣1粒。

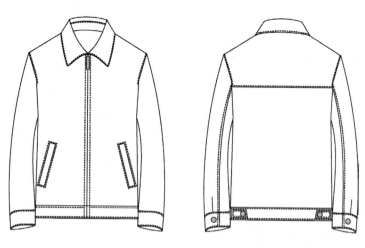

图5-53　男夹克款式图

二、男夹克成品规格、结构图、放缝图

1. 男夹克成品规格（表5-3）

表 5-3　成品规格　　　　　　　　　　　　　　单位：cm

名称 号型	衣长	胸围	肩宽	领围	袖长	袖口
165/84A	64	110	46	38	56	29
170/88A	66	114	47.5	39	57	30
175/92A	68	118	49	37	58	28

2. 男夹克结构图（图5-54）

3. 男夹克放缝图

（1）男夹克面料放缝图（图5-55）。

（2）男夹克里料放缝图（图5-56）。

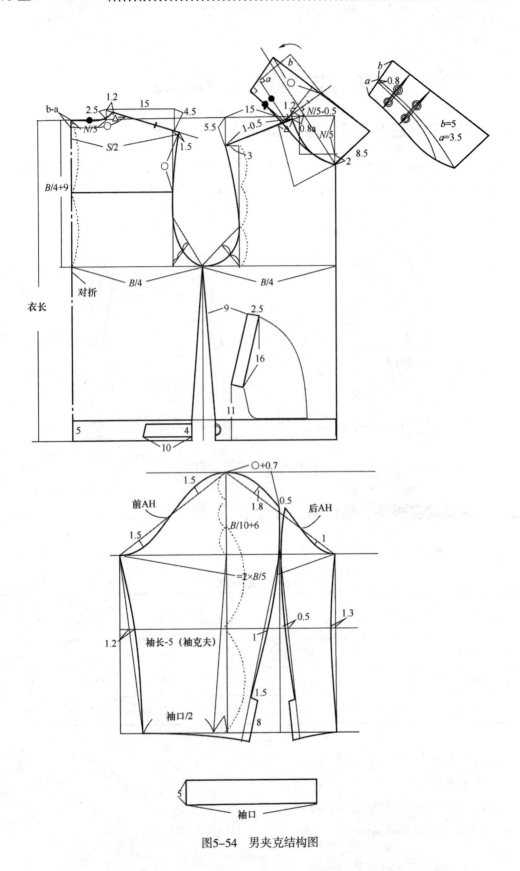

图5-54　男夹克结构图

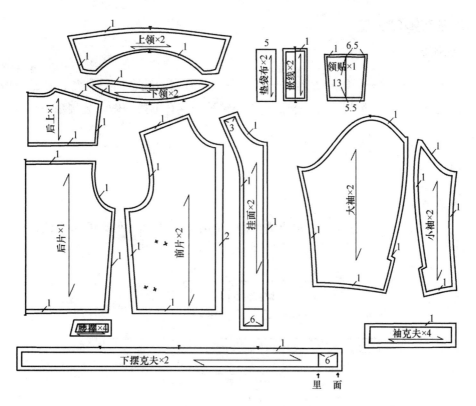

图5-55 男夹克面料放缝图

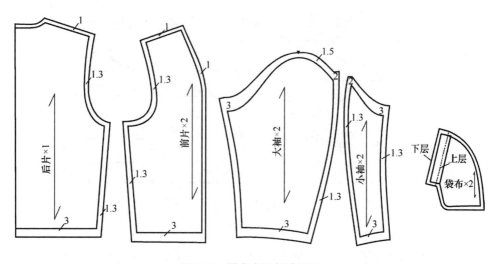

图5-56 男夹克里料放缝图

4. 男夹克部件及辅料

前片、后片、大袖、小袖、上领、下领、挂面各两片；腰襻、袖克夫各4片；有纺衬、拉链、袋布、里料。

三、男夹克缝制工艺

（一）工艺流程

准备工作→粘衬→扣烫→做插袋→拼合后片与过肩→缝合前后肩缝、侧缝→做大身衣里→做领→装领→做袖衩→做、装袖克夫→绱袖→缝合下摆→做、装腰襻→缉压门襟拉链→整烫。

（二）缝制工艺

1. 准备工作

（1）制作领子、下摆克夫、袖克夫的净样硬纸板；在前片做好开袋定位记号，如图5-57所示。

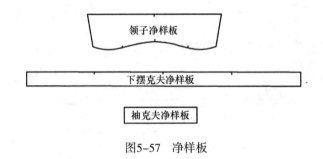

图5-57　净样板

（2）粘衬：将领面、袖克夫面、下摆克夫面粘有纺衬，如图5-58所示。

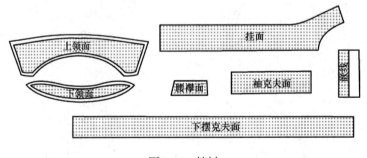

图5-58　粘衬

（3）扣烫：用净样硬纸板扣烫袖克夫、下摆克夫、嵌线，如图5-59所示。

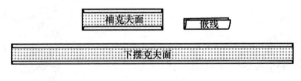

图5-59　扣烫

2. 做插袋

（1）先将袋垫布固定在下层袋布上，缉压0.1cm的明线。

（2）将嵌线布与袋垫布放在开袋位置处，毛口朝中间，按开袋位置缉线，注意两头来回针打牢固。

（3）剪开袋口，两端剪成三角形，注意三角顶点处留1～2根纱，如图5-60所示。

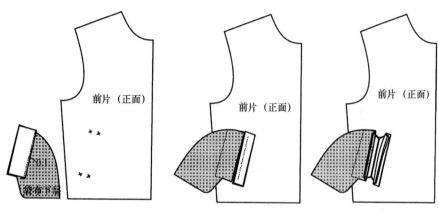

图5-60　做插袋

（4）将袋布与嵌线翻到前片反面，翻开袋布，在嵌线口处缉压0.1cm的明线，然后摆正袋布，再在袋口两端及垫布缝线处缉压0.1cm的明线。

（5）缝合上层袋布，兜缉袋底，如图5-61所示。

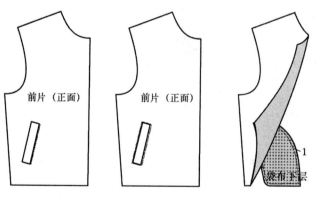

图5-61　缉袋底

3. 拼合后片与过肩

将过肩与后片面与面叠合，沿过肩缉1cm的缝份，注意后中对位刀眼对准。再翻到正面，缉压0.3cm的明线，如图5-62所示。

4. 缝合前后肩缝、侧缝

将前片与后面正面与正面相对，缉合肩缝，再翻转到正面缉压0.3cm的明线，然后再缝合前后侧缝。下摆处缝合下摆克夫面，如图5-63所示。

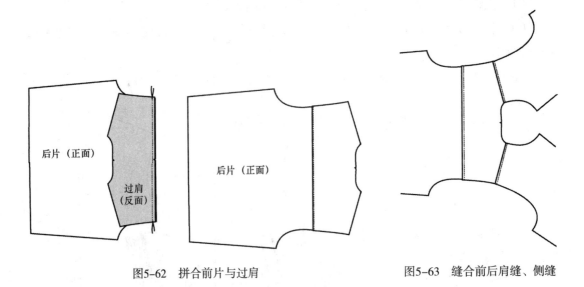

图5-62　拼合前片与过肩　　　　　图5-63　缝合前后肩缝、侧缝

5. 做大身衣里

（1）先将领贴绗缝在后领处。

（2）再将大身衣里的后片与前片正面相叠，缝合侧缝。然后再将衣摆与下摆克夫缝合，最后将前片与挂面缝合。将拉链固定在挂面上，车缝时稍带紧拉链、挂面稍推送，如图5-64所示。

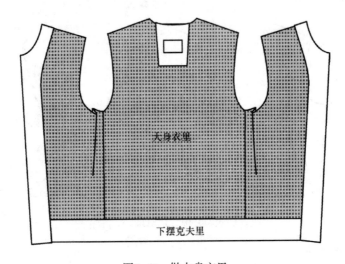

图5-64　做大身衣里

6. 做领

将上领与下领面与面叠合，沿分割线1cm缝合，注意领中刀眼对准，然后分开缝份，两边各绗压0.1cm的明线，起固定缝份的作用。领里缝法相同，如图5-65所示。

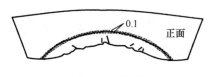

图5-65　做领

再将领面与领里正面叠合，用净样纸样画线，沿线缉合，然后扣烫、翻转到正面，再缉压0.5cm的明线，如图5-66所示。

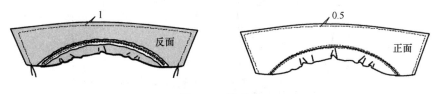

图5-66　缉明线

7. 装领

将大身面与大身里正面与正面相对，领口对正，中间夹进领子，沿领口缝份1cm缉合。注意三层的肩缝对位记号、后中对位记号必须对正。

8. 做袖衩

（1）将大小袖片面面相对，后袖缝份对齐，沿缝份1cm缉合，缉至袖衩开口处打来回针固定。然后，将后袖缝倒向大袖，沿边缉压0.5cm的明线。

（2）将袖里的后袖缝拼合，同样缝至袖衩开口处打来回针固定。

（3）在袖衩开口处，将大袖袖衩面与大袖袖衩里的缝份缝合，小袖袖衩面与小袖袖衩里的缝份缝合，然后，翻到正面，在小袖衩里襟处缉0.1cm的缝份，在袖衩门襟处顺势缉0.5cm的明线。

（4）最后翻至正面，在袖衩止点处打来回针固定，如图5-67所示。

9. 做、装袖克夫

（1）做袖克夫：将袖克夫面与里正面叠合，袖克夫里突出0.1cm，缝份扣倒，沿边缉合1cm的缝份，然后翻到正面，熨烫平服。

（2）装袖克夫：将袖口毛缝塞入袖克夫内，沿边缉压0.1cm的明线装好袖克夫，再转到袖口，三边缉压0.5cm的明线，如图5-68所示。

10. 绱袖

先将袖山头抽皱，再将袖子与大身正面相对沿袖窿按1cm的缝份缉合，要求后袖缝与过肩缝对准，袖山顶点与肩缝对准。装袖完毕后将缝份倒向大身，再从后过肩处开始缉0.5cm的明线，缉至前胸宽线处止。

11. 缝合下摆

将下摆克夫里与下摆克夫面正面相对，起始处拉链缝份扣转，缉合1cm的缝份将大身面与里缉合。然后翻到正面，扣烫平整。

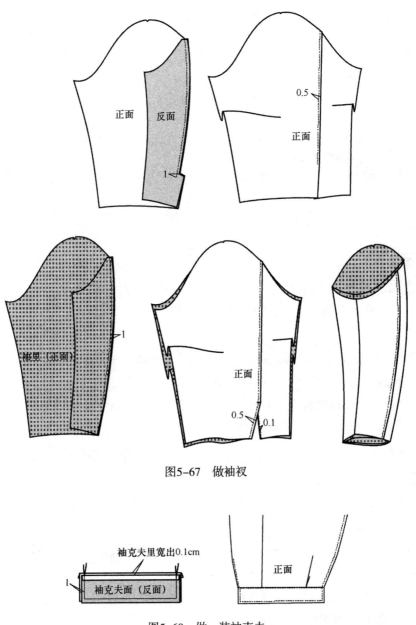

图5-67 做袖衩

图5-68 做、装袖克夫

12. 做、装腰襻

将腰襻正面与正面叠合，沿边缉0.8cm的缝份，然后修剪缝份，用熨斗朝正面扣倒，翻转熨烫平整，然后缉缝到后衣片下摆的下摆克夫上，如图5-69所示。

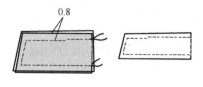

图5-69　做、装腰襻

13. 缉压门襟拉链

将前片门襟处缝份扣转，前片门襟盖住拉链，在正面从领口缉压0.8cm的明线，注意缉线顺直，面里松紧一致。然后再缉压下摆克夫0.5cm的明线，如图5-70所示。

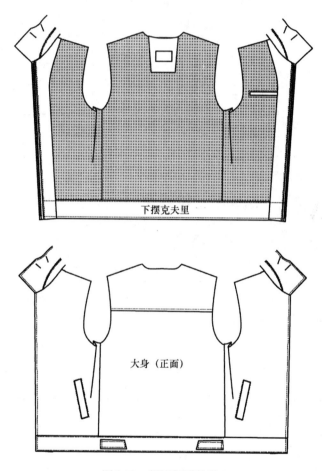

图5-70　缉压门襟拉链

14. 整烫

将线头清剪干净，然后进行整烫。整烫时，先烫大身，再烫口袋、下摆克夫、袖克夫、袖身、拉链，最后烫领。注意烫部件时垫上水布，以免烫出极光。

第四节 女西服缝制工艺

一、女西服款式图及特征描述（图5-71）

特征描述：这是一个基本款的女西服，款式和组件都符合常规。舒适的放松量，修身的衣身结构，两粒扣，平驳领。制作采用普通缝制工艺，挂里，粘有纺衬。

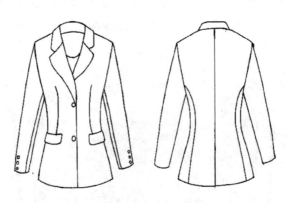

图5-71 女西服款式图

二、女西服成品规格、结构图、排料图

1. 女西服成品规格（表5-4）

表5-4 成品规格　　　　　　　　　　　　　　　　单位：cm

名称 号型	衣长	胸围	肩宽	袖长
155 / 80	66	92	38	53
160 / 84	68	96	39	55
165 / 88	70	100	40	57

2. 女西服结构图（图5-72）

3. 女西服排料图

（1）女西服面料排料图（图5-73）。

（2）女西服里料排料图（图5-74）。

（3）女西服衬料排料图（图5-75）。

4. 女西服部件及辅料

（1）部件：西服领、明贴袋、两片袖。

（2）辅料：有纺西服黏合衬、垫肩、里料、嵌条、纽扣。

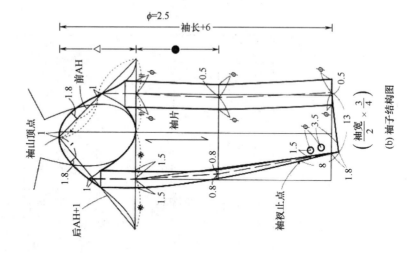

(b) 袖子结构图

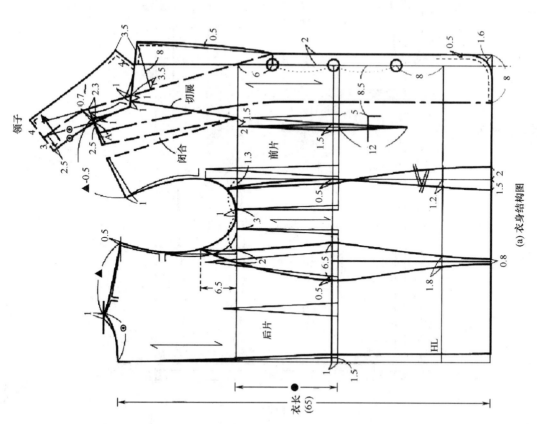

(a) 衣身结构图

图5-72 女西服结构图

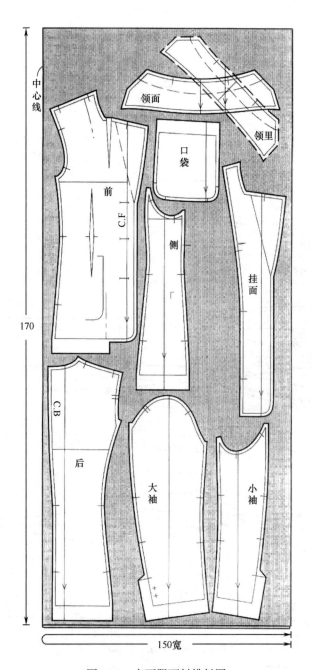

图5-73　女西服面料排料图

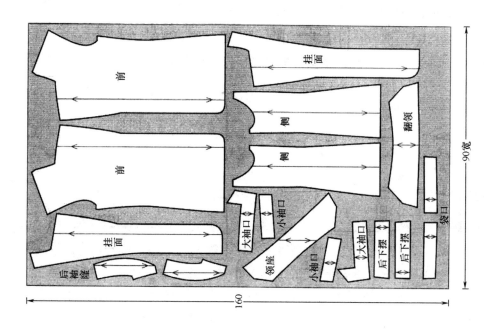

图5-75 女西服黏合衬排料图

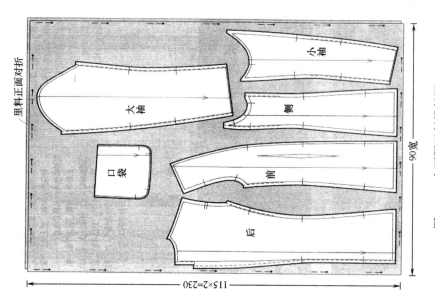

图5-74 女西服里料排料图

三、女西服缝制工艺

（一）制作工序

（1）前衣片、侧片粘衬，缝合分割线，做口袋，装口袋。

（2）后衣片、侧片、领里粘衬，缝合分割线和前后衣片，做、装领里。

（3）挂面粘衬，缝合衣身里布，将里与面缝合，装领面。

（4）装里子、领子和缝制前门襟。

（5）缝合袖里、面，做袖子。

（6）装袖。

（7）装袖条、垫肩，钉扣，后整理。

（二）缝制步骤

全挂里的西装面料、里料、衬料的片数较多，制作流程按初学者比较容易接受的顺序组合起来。缝制方法为：衣身面子、衣身里子各自缝合到装领为止，之后两部分对应合并缝合。

1. 前衣片、侧片黏衬，缝合分割线，做口袋，装口袋

（1）贴牵带：是为了防止布的丝缕和缝份拉伸变形，如驳头、门襟止口、领子的翻折线、贴袋袋口；为防止面料和衬剥离，在省道的中心用大针脚绲缝，如图5-76所示。

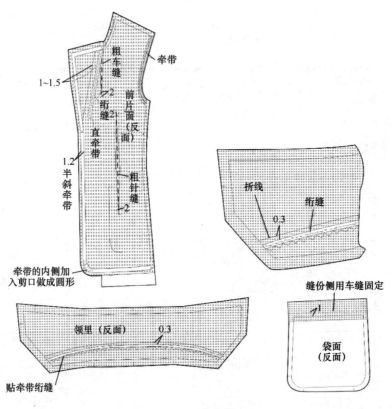

图5-76　贴牵带

（2）缝合前衣身省道——领省、腰省，如图5-77所示。

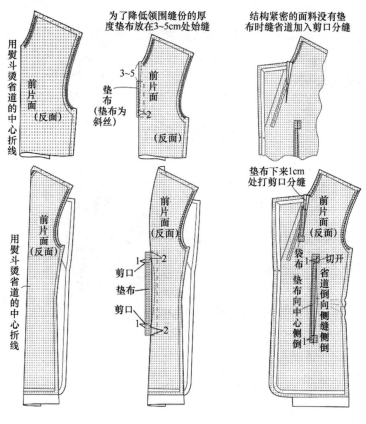

图5-77　合省道

（3）缝合前衣身分割线，如图5-78所示。

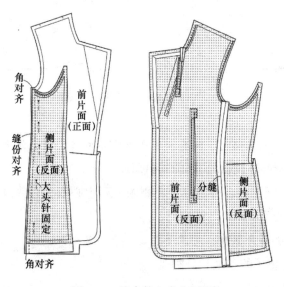

图5-78　缝合前衣身分割线

（4）做口袋，如图5-79所示。

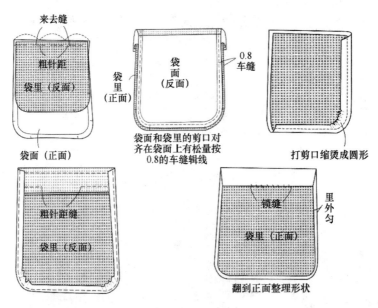

图5-79 做口袋

（5）装口袋：在烫馒头上与腰部的造型吻合，加入外围松量，袋口处略微留出余量，用大头针固定，再缉缝口袋，如图5-80所示。

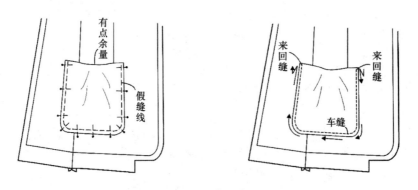

图5-80 装口袋

2. 后衣片、侧片、领里粘衬，缝合分割线和前后衣片，做、装领里

（1）缝合分割线和前后衣片，如图5-81所示。

（2）装领里：装领止点、剪口位置、侧领、后中心依次对剪口车缝，起点、止点打回针固定，如图5-82所示。

3. 挂面粘衬，缝合衣身里布，将里子与面缝合，装领里

（1）缝合前衣身里子的省道和分割线。

（2）缝合挂面和前衣身里子。

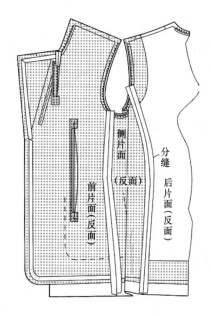

图5-81　缝合分割线和前后衣片

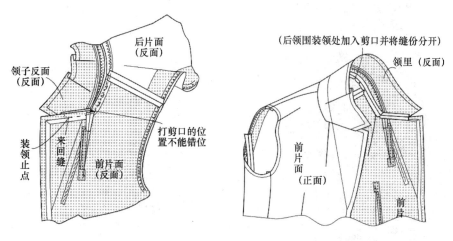

图5-82　装领里

（3）里子缝合见图5-83，要给出横向松量进行缝合。其它缝份沿距净线0.2～0.3cm处车缝，后中心线缝份倒向右侧，其他倒向后衣身。

（4）缝合衣身里子肩缝，如图5-84所示。

4. 装里子、领子和缝制前门襟

（1）领里领面对位点对应不错位，按图5-85的顺序缝合拉紧打结。

（2）领口线、前门襟缉缝，如图5-86所示。

（3）按驳折线翻转，领面翻转，确定驳头及领面的松量，如图5-87所示。

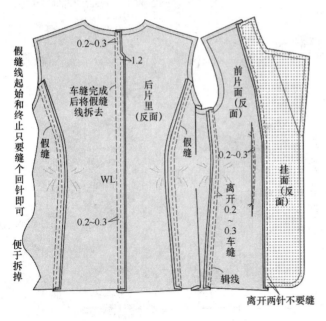

假缝线起始和终止只要缝个回针即可 便于拆掉

0.2~0.3
1.2
车缝完成后将假缝线拆去
后片里（反面）
假缝
假缝
WL
0.2~0.3
前片面（反面）
0.2~0.3
离开0.2~0.3车缝
辑线
挂面（反面）
离开两针不要缝

图5-83　缝合里子

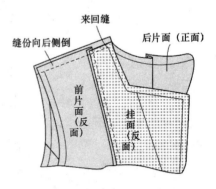

来回缝
缝份向后侧倒
后片面（正面）
前片面（反面）
挂面（反面）

图5-84　缝合里子肩缝

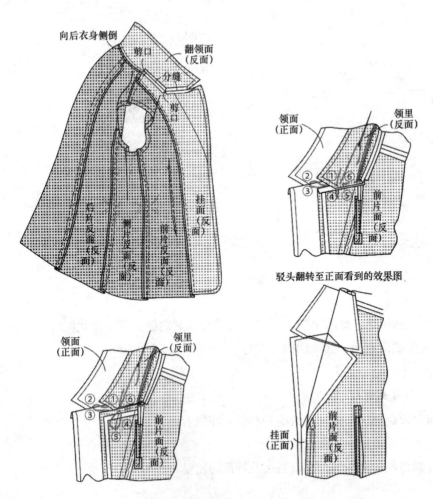

向后衣身侧倒
剪口
翻领面（反面）
分缝
剪口
挂面（反面）
后衣反面（反面）
侧片反面（反面）
前挂设前（反面）

领面（正面）
领里（反面）
②①⑥
③
④⑤
前片面（反面）

驳头翻转至正面看到的效果图

领面（正面）
领里（反面）
②①⑥
③
④
⑤
前片面（反面）

挂面（正面）
前片面（反面）

图5-85　装里子、领子

从衣身侧看到的效果图

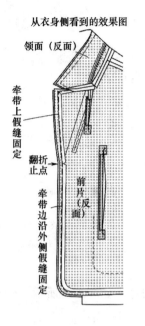

领面（反面）

牵带上假缝固定

翻折止点

牵带边沿外侧假缝固定

前片（反面）

从挂面侧看到的效果图

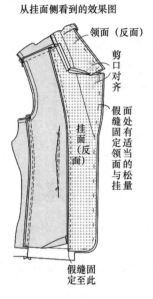

领面（反面）

剪口对齐

面处有适当的松量

假缝固定领面与挂面

挂面（反面）

假缝固定至此

图5-86　缉缝领口线、前门襟

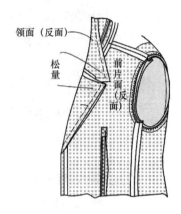

领面（反面）

松量

前片面（反面）

图5-87　确定驳头及领面的松量

（4）缝合外领口：领里、领面放平，在4片固定［第4道工序所示（1）］的前一针处开始缝到结束，如图5-88所示。

（5）缝合前门襟，如图5-89所示。

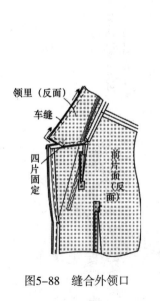

领里（反面）

车缝

四片固定

前片面（反面）

图5-88　缝合外领口

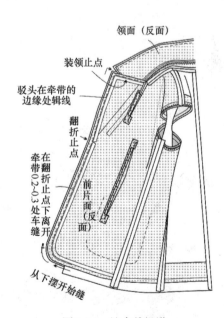

领面（反面）

装领止点

驳头在牵带的边缘处辑线

翻折止点

在牵带翻折止点下离开0.2~0.3处车缝

前片面（反面）

从下摆开始缝

图5-89　缝合前门襟

（6）整理前门襟、外领围：将缝份分开，按照面料那一边缝份0.3cm里料缝份0.7cm修剪缝份，以降低缝份厚度；然后翻到正面，领里和衣身的驳头缩进0.1~0.2cm，前门襟从翻折点向下挂面不露出，放上垫布，用熨斗熨烫、整理，如图5-90所示。

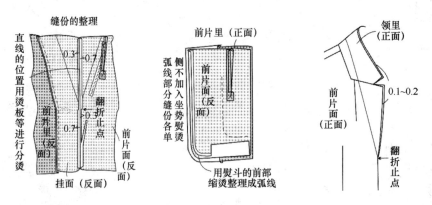

图5-90　整理前门襟、外领围

（7）固定装领的缝份：确定翻领面的松量，在绱领线处落针假缝，如图5-91所示。

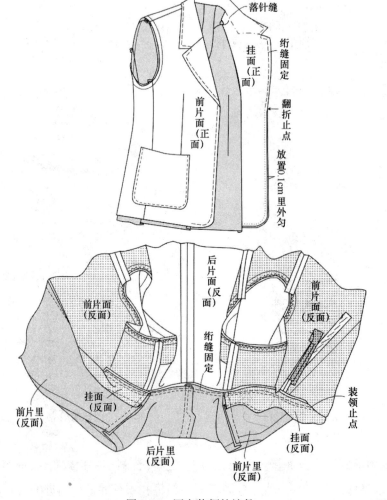

图5-91　固定装领的缝份

（8）领、门襟止口缉线，固定下摆，如图5-92所示。

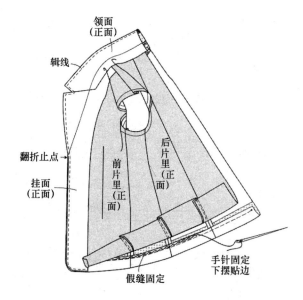

图5-92　领、门襟止口缉线，固定下摆

5. 缝合袖里、面，做袖

（1）缝袖面内袖缝，折烫袖口，如图5-93所示。

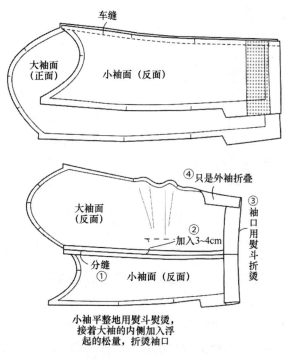

图5-93　缝袖面内袖缝

（2）缝外侧线，如图5-94所示。

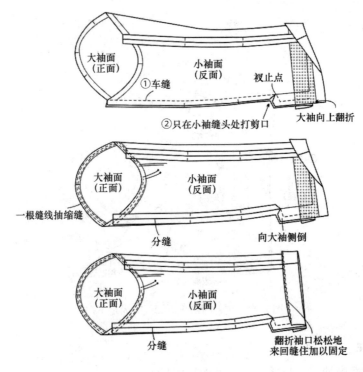

图5-94　缝外侧线

（3）袖衩的处理及钉装饰纽扣，如图5-95所示。

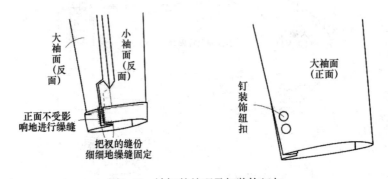

图5-95　袖衩的处理及钉装饰纽扣

（4）缝合袖里布，如图5-96所示。

（5）固定袖里与袖面的缝份：对准剪口，调整好袖里的松量，用大头针固定，松松地用手针缝合。然后翻到正面，将袖面袖里贴合并用手针固定，如图5-97所示。

（6）袖里口缲缝固定，如图5-98所示。

（7）整理袖山缩缝量：调整缩缝线的松紧，使袖山弧线的形状与模具弧线吻合，用熨斗整烫定型。

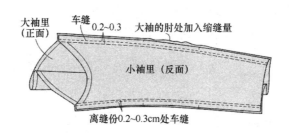

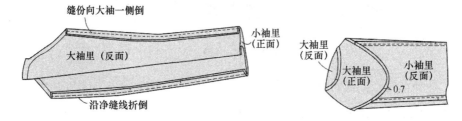

图5-96　缝合袖里布

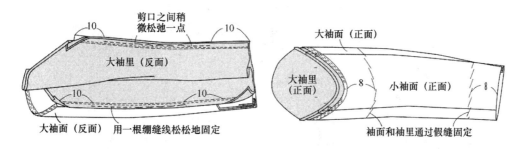

图5-97　固定袖里与袖面的缝份

6. 装袖

（1）假缝：对准剪口，从里面开始，先用大头针固定，用指尖把缩缝量均匀分配后再假缝固定，如图5-99所示。

图5-98　袖里口缲缝固定

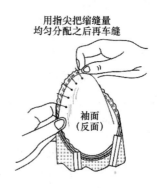

图5-99　假缝

（2）假缝后车缝装袖：假缝后试穿，观察装袖的效果；将垫肩松松地钉在装袖的缝份处，再次确认袖子的方向、位置、松量分配等的平衡状态，如图5-100所示。

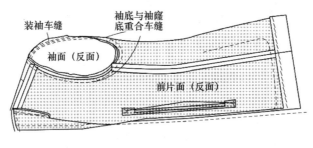

图5-100　装袖

（3）装袖山布：袖山布采用面料、毛衬、斜纹布，具有适当厚度和弹性的材料比较好。它的作用是防止装袖缝份毛边外露，也可使袖山圆润，如图5-101所示。

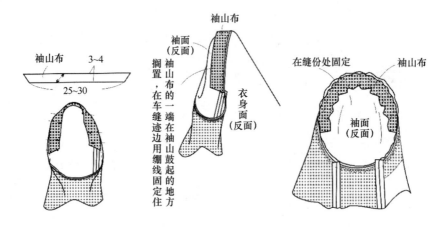

图5-101　装袖山布

（4）装垫肩：对准肩缝和垫肩的剪口，从装袖线出来1.5cm左右固定。装垫肩时注意不要破坏了袖子和肩部的形态，如图5-102所示。

（5）固定后衣片分割线：为了使衣身里布不来回牵拉，将衣身面、里的后衣片缝份松松地固定在一起，如图5-103所示。

（6）固定袖窿缝份：衣身后中心里、面缝份对合，用大头针固定，里子的背宽、胸宽不用牵扯，对合剪口袖窿的缝份，用大头针固定。在衣身面子的袖窿处进行漏落针缝。从袖侧开始，在漏落针0.2cm缝份处垂直地穿针来回缝，松松地固定住，如图5-104所示。

（7）袖山里子缲缝：袖山与袖底的剪口对合，缩缝量适当分配，袖底下的部分盖在装袖缝上，用大头针固定。使用撬边缝，以0.2～0.3cm的间隔，从缩缝量较少的袖底开始向袖山缝。为了让袖底的部分更稳定，袖底进行拱缝，如图5-105所示。

（8）下摆里子翻折并缲缝：在下摆里子假缝位置，从挂面拱针那里开始，一点一点向后缝，松松地用三角针缲缝，如图5-106所示。

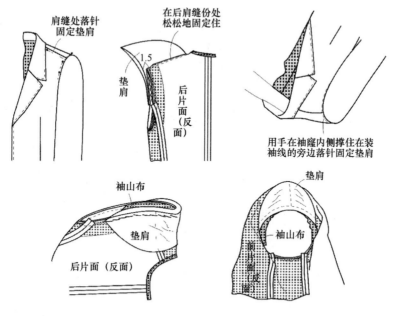

图5-102　装垫肩

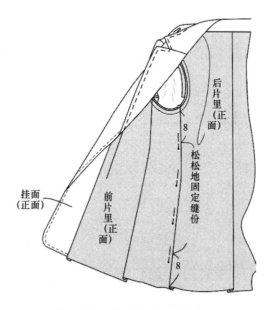

图5-103　固定后衣片分割线

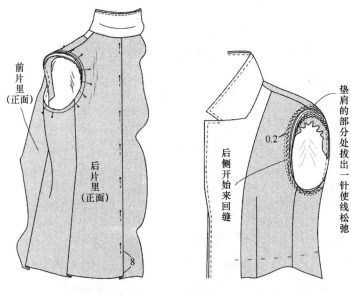

图5-104　固定袖窿缝份

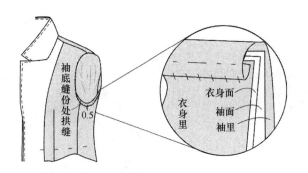

图5-105　袖山里子缲缝

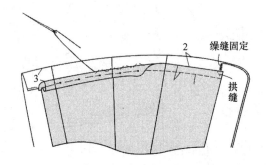

图5-106　下摆里子翻折并缲缝

7. 装袖条，垫肩，钉扣，后整理

（1）驳头翻折线反面拱针固定：将翻折线按成品状态翻折，为了保证驳头正面外围松量适度，从挂面开始对衣身的衬拱缝。

（2）锁扣眼：前衣身锁圆头扣眼，锁眼线用丝线或30号涤纶线。

（3）成品熨烫：为了没有熨斗的水印，在垫布上熨烫；对省道、缝份熨烫不足的地方再次熨烫；口袋在烫台上整烫；装领线的缝份用熨斗压烫使之比较薄；肩部放在烫凳上整理好形状，注意不要破坏了袖山圆弧的造型；领子的部分注意确认领子的翻折线，驳头上轻轻做出翻折，如图5-107所示。

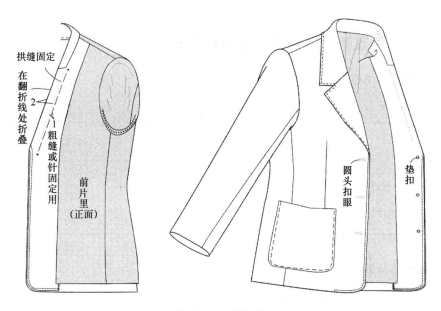

图5-107　后整理

（4）去除假缝线：衣身里子缝份上的绷缝线用锥子拉出拔掉。

（5）钉纽扣：纽扣线脚长度与门襟厚度相同；在挂面上钉垫扣；钉扣线用丝线或30号涤纶线。完成制作全部工序。

第五节　连衣裙缝制工艺

一、连衣裙款式图及特征描述（图5-108）

特征描述：这是一款造型简单的修身连衣裙，无领无袖设计，前后衣身公主线分割，长度在膝盖上10cm左右。款式简约，放松量适中，以穿着舒适为主。当然，在结构设计过程中，可以根据自己的爱好，在下摆处进行大小变化，或者腰部做分割线变化。

图5-108　连衣裙款式图

二、连衣裙成品规格、结构图、放缝图及排料图

1.连衣裙成品规格（表5-5）

表5-5　成品规格　　　　　　　　　　　　　　　　　　单位：cm

部位 号型	裙长	胸围	肩宽	腰围	臀围
155／80A	84	90	36	70	88
160／84A	86	94	37	74	92
165／88A	88	98	38	78	96

2.连衣裙结构图（图5-109）

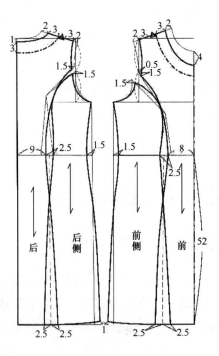

图5-109　连衣裙结构图

3. **连衣裙放缝图**（图5-110）

　　衣片的背缝部位加放缝份2cm，下摆折边加放缝份3cm，其余部位加放缝份1cm。在衣片的腰节线位置打剪口，作为缝合衣片时的对位标记。按照图中所示的熨烫符号拨开腰节线部位。

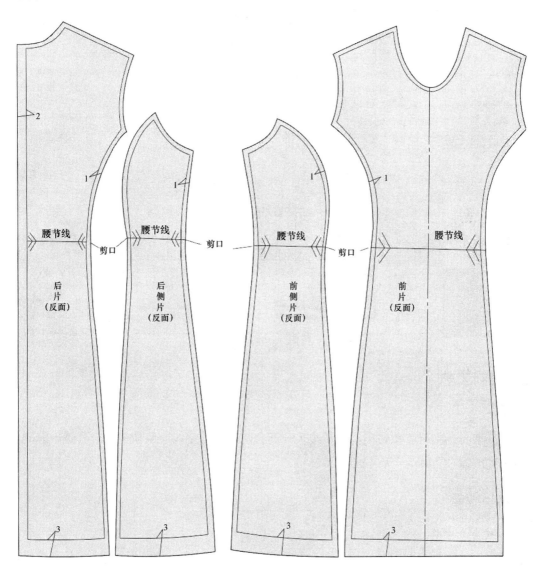

图5-110　连衣裙放缝图

4. **连衣裙排料图**（图5-111）

5. **连衣裙部件及辅料**

（1）部件：领口、袖口贴边。

（2）辅料：黏合衬、60cm长拉链1条。

底边缝头 3cm
其余缝头 1cm

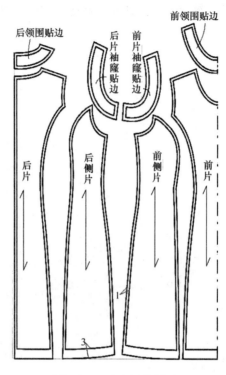

图5-111　连衣裙排料图

三、缝制工艺

（一）制作工序

纸样准备→粘衬（领贴边、袖贴边）→缝合前后片公主线→装拉链→合肩缝→缝制领口、袖窿贴边→合侧缝→后整理。

（二）制作步骤

1. 缝合公主线

将后衣片正面与后侧片正面相对，对齐腰节线剪口车缝。缝份为1cm，并分缝烫平。用与后衣片相同的方法缝合前片公主线，如图5-112所示。

2. 装拉链

（1）将两后片的正面相对，对齐背中线，由拉链开口位置向下车缝至底边线，缝份为2cm。

（2）将背缝分开烫平，将拉链置于缝份上先用手针作临时固定。

（3）在后衣片的正面沿背缝线缉缝0.1cm的明线，用于固定拉链的一侧，并将拉链的外边沿与背缝的缝份缉缝在一起。

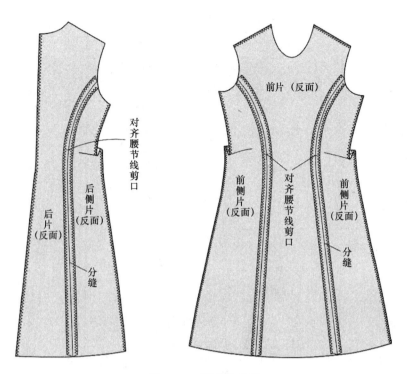

图5-112　缝合公主线

（4）先用暗针拱缝固定拉链与衣片，注意衣片正面不能露出明显的线迹。然后将拉链另一侧的外边沿与背缝绗缝在一起，如图5-113所示。

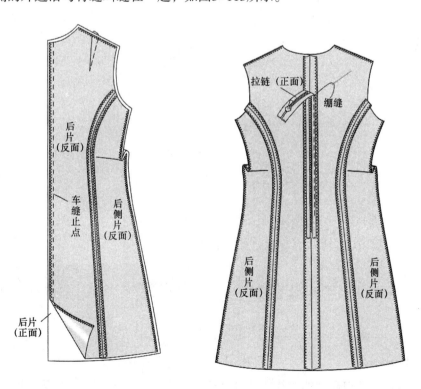

图5-113

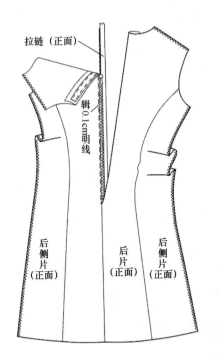
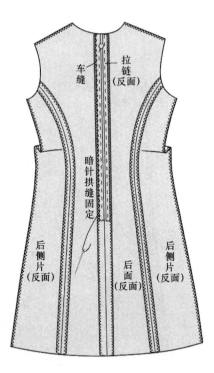

图5-113 装拉链

3. 缝合肩线

将前、后衣片的正面相对，对齐肩线车缝，缝份为1cm。再将缝份分开烫平。缝合时注意后肩线略缩缝一些，如图5-114所示。

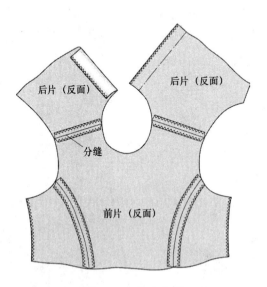

图5-114 缝合肩线

4. 缝制领口、袖窿

（1）缝合前后领口贴边的肩线，并分缝烫平；将领口贴边的外沿向反面扣折0.5cm，缉0.2cm明线，如图5-115所示。

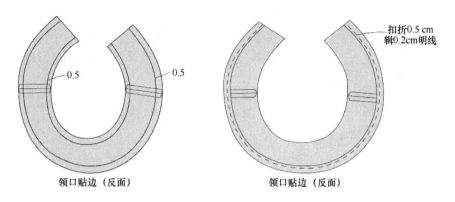

图5-115 领口贴边

（2）缝合前后袖窿贴边的肩线，并分缝烫平；将袖窿贴边的外沿向反面扣折0.5cm，缉0.2cm明线。

（3）分别将领口贴边和袖窿贴边的正面与衣片的正面相对，对齐肩线车缝。缝份为1cm，在缝份上均匀打剪口。将领口贴边和袖窿贴边折向衣片的反面，用熨斗稍加整烫，使领口贴边止口和袖窿贴边止口均向里缩进0.1~0.2cm，如图5-116所示。

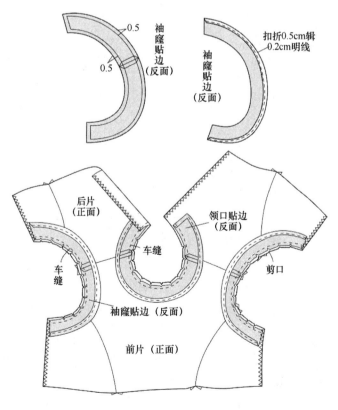

图5-116 缝制领口、袖窿

5. 缝合侧缝线

（1）前、后衣片的正面相对并对齐边沿，按照1cm的缝份车缝侧缝线。

（2）侧缝线的缝份分开烫平，袖窿贴边的反面与衣片的反面相对，用手针在袖底和肩线位置缲缝固定。并用同样的方法，在拉链顶端和肩线位置，缲缝固定领口贴边，如图5-117所示。

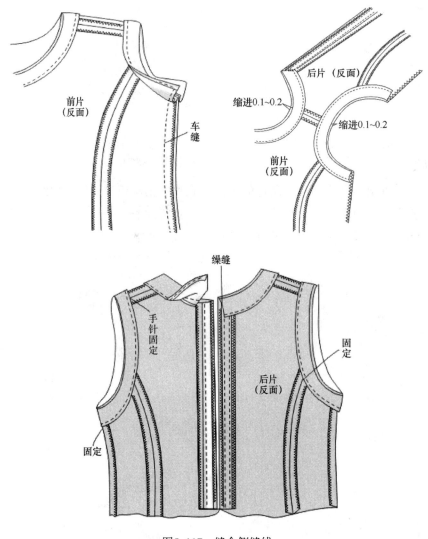

图5-117　缝合侧缝线

6. 后整理

底边扣折0.5cm，再扣折1.5~2cm的折边宽度，用手针三角针固定；分别用暗针拱缝领口和袖窿，如图5-118所示。

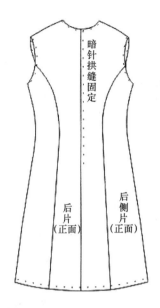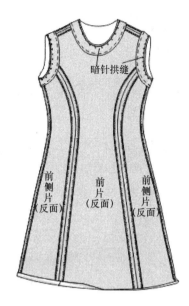

图5-118　后整理

本章小结

　　本章介绍了男女衬衫、夹克、女西服的制作方法。上装是服装制作的重点和难点，服装款式变化很多，但制作工艺万变不离其宗，所以掌握基本款的制作方法就可以应对变化繁多款式。

学习重点

　　男衬衫和女西服是本章学习的重点。男衬衫的制作工艺具有显著的特点，相对而言款式比较固定，制作工艺也相对固定，应用比较广泛；女西服制作工艺具有一定的代表性，是需要掌握的基本工艺形式。

思考题

　　1.女衬衫领子制作时要注意什么？

　　2.男衬衫的制作工序及注意事项？

　　3.如果面料为方格或花纹，男衬衫领子在裁剪时要注意什么？

　　4.女西服衣片省道的缝合方法？

　　5.女西服绱领里、领面时的方法？

参考文献

［1］王秀彦.服装制作工艺教程［M］.北京：中国纺织出版社，2003.

［2］吕学海，包含芳.图解服装缝制工艺［M］.北京：中国纺织出版社，2003.

［3］包昌法.服装缝制工艺［M］.北京：中国纺织出版社，2003.

［4］俞岚.服装裁剪与制作［M］.北京：中国劳动社会保障出版社，2008.